U0146737

一步万里阔

愤怒

The Conflicted History of an Emotion

Barbara H. Rosenwein

Anger

一部关于情绪的冲突史

[美] 芭芭拉·H.罗森宛恩——著

曾雅婧——译

中国工人出版社

献给里卡尔多

前 言

理查德·G. 纽豪瑟和约翰·杰弗里斯·马丁

在今天什么会让你生气？一定会有一些事情让你生气，因为最近愤怒已经成为我们默认的“恶行”，并且有时也会成为我们的“美德”。是堕胎、英国脱欧、气候变化、民主的消亡、生态环境的恶化，还是游行的法西斯分子？我们愤怒的原因不胜枚举。在这个愤怒的时期，愤怒潜伏在每个角落，随时准备煽动和庆祝我们迅速产生的怨恨，或者认可我们内心深处的信念。尽管历史上的其他时期可能被认为是以愤怒为特征的，但在当下，尤其重要的是，我们应该退后一步，深入审视愤怒对我们的生活意味着什么，并将继续产生怎样的意义？

对恶行和美德（愤怒可以既是恶行又是美德）的研究涉及许多领域：从伦理学、法学、哲学和神学到人类学、行为社会学和心理学，正如芭芭拉·罗森宛恩的著作所展示的那样——也是情感研究。她的一个重要观点是，我们把这么多不同的感觉和行为称为“愤怒”，从而简化了一件非常复杂的事情。此外，不同的群体会对完全不同的刺激作出他们所说的愤怒反应。这些“情感共同体”珍视或贬低某些情感，并秉持相同的情感表达规范。

人们通常认为愤怒是某种底层情绪的过剩或不足。基本情感分析者认为，愤怒是人类的一种自然元素，可以通过面部表情来识别和衡量。心理构造论者认为愤怒是情感过程中的一部分。根据人们表达愤怒的社会，生成论者来讨论被人们称为愤怒的固有回路。对于社会建构论者来说，愤怒是由个体在社会中的行为以及社会所提供的工具（语言、社会环境等）共同创造的。

不同的情感共同体会对愤怒的道德效价作出不同的评价。愤怒在道德上是消极的吗？佛教徒追求完全避免愤怒，作为迈向避免痛苦和压力的一步；斯多葛学派（Stoics），比如塞涅卡（Seneca），建议说，当愤怒出现时，我们应当积极抵御；一些新斯多葛学派（Neostoics），比如勒内·笛卡尔（René Descartes），认为最好承认愤怒，对愤怒作出理性分析，并将它转化为摒弃愤怒这种道德态度的基础。所有这些对有害的愤怒的思考都引起了对旨在减轻这种危险情绪影响的心理疗法的关注，从C.彼得·班克特（C. Peter Bankart）等佛教心理治疗师的实践，到愤怒管理心理治疗中的新斯多葛学派的遥相呼应都是如此。然而，不只是上帝，还有那些声称自己的愤怒是一种美德的人类所拥有的正义之怒呢？当愤怒有助于纠正道德时，基督徒社团为愤怒辩护。圣奥古斯丁（Saint Augustine）认为，愤怒应该直接指向罪责，而非罪人。对于大卫·休谟（David Hume）这样的道德自治主义者而言，当愤怒因反对别人的恶行而得到实践时，它可以成为道德的源泉。让－雅克·卢梭（Jean-Jacques Rousseau）把对社会不公的愤怒变成一种美德。

在有生之年，我们是否仍有可能避免、控制、改变和管理愤怒？我们是否已经进入愤怒历史的新阶段，在这个阶段，关于我们身份（政治、民族、种族和宗教）的那种受威胁的失落感是否会招致普遍的怨恨？而怨恨的表达是否总为不加反思的、自我辩解的那种愤怒的爆发？也许情况是这样的。但芭芭拉·罗森宛恩的书承诺读者，如果我们更了解情感和伦理的历史，那么我们就将拥有更强的洞察力和我们所希望获得的更好的结果，这将有可能使我们以此驾驭现在的情感、伦理和政治生活。

致 谢

我要感谢本书的编辑理查德·G.纽豪瑟（Richard G. Newhauser）和约翰·杰弗里斯·马丁（John Jeffries Martin）。在这本书写作的每个阶段，他们给予了我不懈的鼓励、有益的建议和实用的帮助。在本书即将定稿之际，耶鲁大学出版社选择了一位社外匿名读者，这位读者给这本书提出了许多经过深思熟虑且令人愉悦的建议。非常感谢Andrew Beatty、Julia Bray、Douglas Cairns、Jessica Callicoat、Erez DeGolan、Robert Dentan、Jan Dumolyn、Luke Fernandez、Zouhair Ghazzal、Alex Golub、Jamie Graves、Lynn Hunt、Michael Lieb、Susan Matt、Damien Patrick Nelis、Jan Plamper、Rose Spijkerman、Dionysios Stathakopoulos、Faith Wallis以及Graham Williams，感谢他们提供了慷慨的建议和帮助。我把本书献给里卡尔多·克里斯蒂亚（Riccardo Cristiani），他参与了这本书写作过程的每个阶段。感谢我的姐姐Naomi Honeth不遗余力地通过电子邮件鼓励我。与此同时，感谢我超棒的丈夫Tom，感谢他对本书草稿提出的建议，而且最重要的是，感谢他坚定不移的爱和支持。

插图来源

插图1

Metropolitan Museum of Art, New York, N.Y.

插图2

Napoli, Museo Archeologico Nazionale. © 2018 Foto Scala, Firenze–Su Concessione Ministero Beni e Attività Culturali e del Turismo

插图3

MS Stowe 944 f.7 Liber vitae ('The New Minster Liber Vitae') Stowe 944 1031 © The British Library Board–Alinari

插图4

Gabinetto dei Disegni e delle Stampe degli Uffizi. © 2018. Foto Scala, Firenze – Su Concessione Ministero Beni e Attività Culturali e del Turismo

插图5

Burgerbibliothek Bern, Cod. 264 p. 79–Prudentius, Carmina (https://www.e-codices.ch/en/list/one/bbb/0264)

插图6

Walters Art Museum MS W.72 f.25v–Speculum Virginum

插图7

Ghent University Library, BHSL.HS.0092

插图8

Bibliothèque nationale de France, département Estampes et photographie, RESERVE QB-370 (45)-FT 4 (https://gallica.bnf.fr/ark:/12148/btv1b6950498b)

插图9

https://it.wikipedia.org/wiki/File:Marey_Sphygmograph.jpg

插图10

Psychological Review 21/1 (1914), photo 32

目录

引　言　1

第一部分
（几乎）完全拒斥愤怒　11

第一章　佛　教　13

第二章　斯多葛主义　29

第三章　暴力与新斯多葛主义　48

第四章　和平王国　65

第五章　愤怒的话语　82

第二部分

愤怒是恶行，但（有时）也是美德

99

第六章 亚里士多德及其后继者
101

第七章 从地狱到天堂
118

第八章 道德情感
139

第三部分
自然的愤怒
159

第九章 早期医学传统
161

第十章 进入实验室
174

第十一章 社会的产物
194

第十二章 赞美愤怒
215

结　语
我的愤怒，我们的愤怒
241

注　释
247

参考文献
280

引　言

在《伊利亚特》(*Iliad*)开篇，荷马向文艺女神缪斯发令道:“愤怒，女神啊，请歌唱阿喀琉斯致命的愤怒!”因此，在某种意义上，愤怒是西方书面文学中的第一个词语。《伊利亚特》是否在此开了先河，即首次书写愤怒这一主题?许多现代的文学评论家认为确实如此。实际上，艾米莉·卡茨·安哈尔特(Emily Katz Anhalt)断言，我们需要阅读像《伊利亚特》这样的希腊神话，这正是为了克服我们自己对愤怒的偏好——荷马描述了由阿喀琉斯的愤怒所引发的可怕事件，而这种描述将教会我们抵御自己所身处的暴力时代。[1]

然而无论对学术研究有多大帮助，阿喀琉斯的愤怒都与我们自己的愤怒不同，甚至也不同于所有古希腊人的愤怒。古希腊语中的愤怒至少对应两个词语，有两个含义，所以想必描述了两种感觉。而我们的愤怒是一种历史的产物，它确实潜在地包含了荷马所歌唱的那种愤怒，但它也包含许多其他感觉的传统。本书叙述的内容包含其中一些重要的传统。

这就是为什么相较于以《伊利亚特》为起点来讨论愤怒，

我更想从我自己的故事讲起，并追溯历史。

我在3岁左右的时候，拥有一个心爱的橡胶娃娃。它可以通过嘴巴吸水，然后流口水和撒尿，这太迷人了。我非常喜欢这个娃娃，但我也经常躲在客厅沙发的后面，狠狠地打它，用拳头捶它。我清楚地记得后来故事发生了转折，我听到我的母亲对一位客人说："这个女孩内心充满愤怒。"我知道她在说我，所以我停了下来，而且觉得很羞愧。我内心充满的这种愤怒究竟是什么？

在童年，我经历过多种模式的愤怒，而且这并不是因为我曾打过洋娃娃。除了这个洋娃娃之外，我在家里没有打过任何人。但是我的父母时常吵架，因而我和我的姐姐时常躲到沙发后面。除此之外，我的父亲还因工作和老板大发雷霆。与此同时，我的母亲开始在艺术领域崭露头角，但我的外婆和父亲却认为她不应该工作，而应该在家照顾孩子。母亲妥协了，但她每天都打电话跟外婆吵架（不仅因为做全职主妇这件事）。我的母亲厌恶家务劳动，所以每次做家务的时候，她就会生气。即便如此，她每天还是要给家具除尘，所以她几乎每天都在生气。

所以很容易得出这样的结论，即我的"内心充满愤怒"，因为我在周遭的各种环境中很容易目睹或遭受愤怒。我甚至可以将自己的愤怒归咎于童年的经历，以此来为它辩解。很多人都这么做，或者至少偶尔这么做过，他们认为父母应该对他们长成什么样的人负主要责任。但是我可能不会责备我的父母，而是会主张这样一种观点，即我的"内心充满愤怒"

是因为人的内心生而充满愤怒，这是一种根深蒂固的普遍情感。它存在于灵长类动物中，对生存很有益，无关理性，并通过DNA传递给人类。

这些是关于我的（可能也是你的）愤怒的观点。但这些观点是不充分的。让我们首先处理基于DNA的论证，如果这个论证是正确的，即如果我们被“设定”会感受到愤怒，那么我们无须再接着了解这个主题了，更无须了解本书讨论的任何主题了。但愤怒并不是被“预先装载”到人类心灵中的。当我们一开始获得生命时，我们没有愤怒这样的词语，也没有这样经过明确定义的感觉。在一些文化中，并没有与愤怒完全相同的概念，这样的事实应该可以提醒我们注意到这种“伪进化论解释”固有的问题，之所以说它是“伪进化论解释”，是因为现在的科学家已经发现DNA易于改变，甚至在同一代中，进化都可能迅速发生。没有什么是根深蒂固，不受这种改变影响的。

神经心理学家莉莎·费德曼·巴瑞特（Lisa Feldman Barrett）指出，就“人类是被设定的”这样的说法而言，正确的理解是，人类只是被设定具有学习能力。我们的大脑是调停者和调节器，它不间断地监控着我们身体内外的感觉，尝试理解这些感觉，并且努力创造有利于我们生存的身体状态。当我们是婴儿时，我们不知道如何理解各种感觉。但是当我们周围的人以某些他们所说的“愤怒”的方式讲话和行事时，我们开始把各种感觉和做法不加区分地归入“愤怒”这一类别。我们真正的“设定”来自这类知识——我们都生活在特定的家庭、学校和街区，在生活中，我们一直在收集来自环境的线索，在此过程中我们“设定”了自己。当我们周遭的人将某些感觉称为“愤怒”，并且给打橡胶娃娃和对老板发脾气的行为贴上“愤怒”的标签时，我们就开始给我们和他人的感受命名了。但在拥有不同语言的社会中，人们会以不同的方式来评估这些感受和行为，并且以不同的方式划分感受和行为。他们那作为监视器的大脑所获得的观察集合与我们的观察集合截然不同，因而他们可能会用不同的名称来称呼自己的观察集合。在这个社会中，他们可能会把我们称为愤怒的感觉与我们称为羞耻、悲伤或既羞耻又悲伤的感觉混合在一起，这样的感觉可能会被赋予一个新名称，这个名称在英语的情感词汇中没有对应的词。愤怒是英美语言中的名词，但它并不是在所有语言中都是通用的。

这样就暂时解决了基于DNA的论证，但有关我们成长环境的论证却更为复杂。当然，我们的童年环境有助于解释我们后来的情感生活，而且我们父母自身也是由他们的父母、他们的成长环境塑造出来的。我们和我们的父母都不是生活在真空中的，大家都生活在我所说的情感共同体中。请允许我在此简述一下这个术语的含义，在本书深入论述的过程中，这个术语的含义应该会逐渐变得清晰。

情感共同体是指那些对情绪性行为，甚至情感本身秉持相同或相似规范和价值的群体。设想一个维恩图（见图1），图中的圆圈代表同时存在的不同情感共同体，其中每个共同体都偏爱某些情感，并且回避其他情感；每个共同体都以某些特有的方式表达情感。然而它们可能会在某些地方重合。

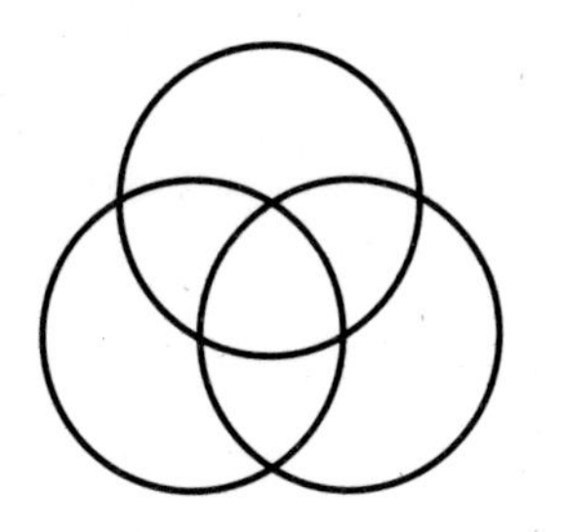

图1
情感共同体维恩图

现在请停止思考这个维恩图。因为它至少有四个缺点。首先，图中所有的圆圈都是相等的；其次，每个圆圈都是封闭的，但相反，情感共同体是开放和可渗透的，它能够调整和改变，甚至有时还会合并；再次，共同体还有可能是完全独立的，或者尽可能独立的；最后，维恩图并没有预设会出现一个更大的圆圈吞没所有或者至少大多数其他圆圈。考虑一下我家的情况吧。在我成长的过程中，我的家庭属于努力奋斗的城市下层中产阶级犹太人情感共同体。即使在犹太人情感共同体内部，我的家庭也是绝对的少数，因为我们拒绝以犹太会堂为基础的、有组织的宗教。与此同时，我的家庭在某些方面与更大的情感共同体有交集，特别是电视上描绘的那种家庭团聚典范的共同体。然而，与此同时，我的父母也是非常重要的知识分子群体的一部分，这个群体中最具代表性的是芝加哥大学，我的父母都曾就读于此，而且这所大学在当时被看作卓越思想的堡垒。

当我的母亲说我“愤怒”时，她既是理性的，又是感性的。她确实对我进行了“客观”观察，但在这背后还有她的感觉——在这种情况下是一种不赞成的感觉。理性和情感之间没有明确的界线。我们说话、思考和做事都出于某种动机，因为我们想要、憎恨、被迫或需要这样做。在这种情况下，我们的情感可能相当不热烈，它们可能隐藏着。但这些情感持续在运作——它们肯定是这样的，因为情感是我们大脑不断监测和调节的产物。

情感不仅是大脑的产物。如今关于大脑的研究很流行，但直到最近研究者才认识到它与我们情感的相关性。根据许多早期思想家的说法，情感存在于心灵之中，而后者相当于灵魂。灵魂及其情感通常存在于肝脏、肠道或（最常见的）心脏之中。一些现代科学家正在重新发现这些古老观点的有效性，正如我们自己在日常生活中所回忆的那样，我们会漫不经心地在交谈中把心当作情感的住所。例如，我的心里很沉重，我的心里充满了爱，我的心跳漏了一拍。我们的整个身体都与情感以及我们思考情感的方式有关。对愤怒来说，有一些这样的表达：我的头要炸了，她使我的神经紧张；他生气了，真是牛脾气。没人会在情人节发送大脑图片，所以就有充分的理由解释为什么爱的表情符号是❤和😘而不是脑部扫描图。

我们是身体和心灵的共同体。就像我们的身体被训练成在静默祈祷中鞠躬、跑马拉松、在学校里安静地坐在课桌前一样，我们的大脑也被训练成知道和回应某些类型的情感，认可一些情感，谴责另外一些情感。我从母亲那里学习到了什么是她所认为的愤怒，我明白打洋娃娃是愤怒的错误表达方式，我的母亲并不赞同这种方式。我想到了如何在我家这个情感共同体中表达愤怒，也就是需要夹杂着悲伤，滔滔不绝、戏剧性地表达出来。

当我结婚后，我了解到了不同的情况，我发现我丈夫所在的情感共同体中存在一种非常不同的愤怒概念。这种愤怒是政治性的，而非个人的；它是正义的，而非自怜的。学习到愤怒应该针对一个“制度”，而非个人，这种知识真的改变了我的感受吗？是的。但不只是我个人如此。我们都受到观念的引导，而且我指的不仅是哲学家的主张（实际上那些可能是最不重要的），还有各种对我们很重要的人所说的话。我们中的许多人关心的是，我们的愤怒是否有正当的理由？是否可以也应该对我们所爱的人表达出来？是否可以对在我们身后按喇叭的司机发脾气？诸如此类。这些问题都是关于什么类型的愤怒是可接受的，正如彼得·斯特恩斯（Peter Stearns）和卡罗尔·斯特恩斯（Carol Stearns）30多年前表明的那样，这些问题的答案随着时间的推移而改变。斯特恩斯夫妇把他们对改变标准的研究称为“情感学”（emotionology）。即使愤怒是普遍的（事实并非如此），它应该得到表达、压制、消除、升华或引导的方式也在一直变化。是的，从人们对新标准产生足够的兴趣开始阅读（或者在布道中听到，从治疗师、广播或博客中学习）到它在“现实生活”中的实施之间存在一定的延迟。但最终会产生影响，而且这种影响可能是深远的。在这本书中，我们将看到关于愤怒的思想和理论与日常生活中的愤怒行为之间的相互作用。

“她的内心充满愤怒”，但情感学告知我的母亲，这种愤怒并不来源于她的DNA，而来源于她自己所在的情感共同体，这种共同体是一种混合体，其中包括来自东欧犹太村镇的犹太移民的观念、标准和实践；“二战”后弗洛伊德精神分析假设浪潮冲击美国，我的家人带着皈依者的狂热加入其中；电视上情景喜剧的家庭环境，以及更多的因素。这些“更多的因素”就是本书所讲述的内容。如果我要理解自己以及你的愤怒，我们就需要探索愤怒许多的可能性，包括“愤怒”可能只是作为使用便利的一个词语而存在，其中包含了各种各样的感觉。这就是我没有在这里给出一个关于愤怒的简便定义的原因。

我们需要知道愤怒是如何发挥作用的，以及它在我们自己的情感共同体之外曾如何发挥作用。我们需要了解其中一些共同体的兴衰，以及它们为何仍以文字、态度、某些群体的实践和教义这样的形式存在于我们周遭。

愤怒，似乎很容易理解。所有人都认为我们知道自己什么时候生气，而且我们非常肯定自己也能识别出别人的愤怒。但这些假设远非事实。在我们（和他们）的愤怒中潜藏着整个意义王国。在本书论述的过程中，我们将看到各种各样的愤怒以及对待它们的不同态度。所有这些对我们都可能有用。事实上，不同的愤怒概念——以及暴怒、恼怒、愤恨、沮丧的各种感觉——在我们、我们的家庭、社区以及更多的范围之内都交织在一起。我们中的一些人担心自己的愤怒会撕裂脆弱的社会结构，这些愤怒是如此深入地令人愉悦、令人害怕以及强大。但在某种程度上，这是因为我们把许多不同的感觉和行为都贴上了“愤怒”的标签，从而简化了一个非常复杂的问题。本书梳理了这些细节，旨在为我们提供一个关于自己及我们所处时代的全新视角。

第一部分

（几乎）完全拒斥愤怒

第一章

佛　教

我知道我在沙发后面做错了事情，这是我的母亲谈论我时的语气告诉我的。大约在2500年前，佛陀会赞成我的愤怒是错误的，而且事实上，是执迷不悟和自我毁灭的。他还会指出，这对另一个被施暴者——我的洋娃娃来说，也是毁灭性的，最终形成了双重自我毁灭，因为我依恋那个洋娃娃，就像我们所有人（佛陀认为）都彼此依恋一样，我们甚至会依恋那些我们憎恨的人。

从巴利语的佛教典藏三藏（*Tipiṭaka*）中我们知道，无论佛陀有多赞同谴责我的愤怒，他都不会赞成我把愤怒挑选出来，就好像愤怒与其他妨碍我们“觉悟”的烦恼（指佛教中的“三毒”）是分开的，从而使我从无尽的轮回（或者更准确地说，反复死亡）中解脱，而无尽的轮回会使我永远受苦。对于生命而言，一切生命，或者说每个人的生命都意味着受苦。不是说生命中没有愉悦，生命中有许多愉悦的时刻，甚至愤怒都能让人愉悦。但是，就像其他所有快乐一样，愤怒所带来的愉悦是短暂的、不定的，因而是不能让人满足的。

愤怒（在巴利语中是“*kodha*”，在梵语中是“*krodha*”）属于一组烦恼（mental afflictions），是更大的精神范畴——嗔（hatred）所涵盖的一种情感。在我们的社会中，我们谨慎地将嗔与愤怒区分开。在我们的法律体系中，仇恨犯罪几乎比出于其他任何动机的犯罪都更糟糕。相比之下，在突然暴怒中犯下的罪行实际上比其他的罪行判得要轻，就好像罪犯精神失常了，面对激情束手无策。

但佛陀并不关注这些细微的区别。他的目的是让人们从这个世界及其短暂的快乐和持久的痛苦中脱离出来。因此他把愤怒当作嗔的一种形式，而且除了嗔之外，他只区分了其他两种麻烦的精神倾向：一种是贪，另一种是痴。甚至这些分类也太多了，因为所有的精神倾向都有相同的效果。这些精神倾向使我们依恋这个世界。我们被束缚在我们所欲求的事物上，尽管这些事物不可避免地会腐烂并化为尘土。我们被我们的想法所奴役，这些想法实际上是痴想和关于正误的执迷不悟的假想，是关于现实片面而执着的观念。最后，我们被嗔所束缚，这些嗔来自我们的自我概念：我们骄傲，我们自我疗愈，我们没有认识到自己是包括有情众生在内的更大整体的一部分。愤怒是我们自尊的苦果。

这些事物禁锢了我们，但不必如此。我们对自己的枷锁负责。我们紧抓自己的贪、痴、嗔，就好像它们是宝贵的财富。事实上，它们是我们所有不幸的根源。正因为它们属于我们，所以我们可以拒绝这些情感倾向。“舍弃于忿怒”是佛陀的命令。愤怒是“我执”，它是一种痛苦，源于我们与世界的关系。“舍弃于忿怒”这个告诫是绝对的。在任何情况下，愤怒都是不对的，甚至是不恰当的。愤怒永远是错误的，因为它既是对他人的伤害，也是一种自我毁灭。愤怒的人承受痛苦，他们煎熬的内心充满了痛苦。如果我们进入这种心境，以愤怒应对，那么我们也会承受痛苦。当我们愤怒的时候，我们也就错失了关心他人疾苦的机会。我们输掉了与自我的酣战，也输掉了我们对他人的宝贵的同情心：

不以瞋报瞋，临敌伏难伏。[1]

这场战争靠忍耐取胜。从表面上看，这种忍耐似乎与基督教中的忍耐相同：基督不是说过，“转过另一边脸让人打”吗？但在这两个传统中，忍耐的含义截然不同。基督忍耐着经受折磨，是为了把人类从亚当和夏娃的原罪中救赎出来。对于基督信徒来说，转过另一边脸让人打意味着跟随基督的脚步，获得奖励，与上帝同在，永享至福生活。而佛陀心中则有不同的目的，他忍耐着所经受的痛苦意味着既减轻自己的痛苦，也减轻施暴者的痛苦。在《毗摩质多经》（*Vepacitti Sutta*）中，佛陀讲述了一个关于恶魔和神之间的古代战争的故事。当众魔之首毗摩质多被抓获并被带到众神的统治者帝释天面前时，他发出了一连串的咒骂。帝释天不为所动。帝释天的侍者对他表面上的被动感到失望，指责他软弱。帝释天回应道，忍耐是强者的美德。他说，忍耐是治愈性的，同时治愈了冒犯者和被冒犯者。

当有人威胁你的生命时，愤怒是不正当的吗？佛陀的一个比喻是这样说的，如果“强盗用双柄锯子野蛮地将你肢解”，即便如此，你应该生气吗？绝对不要生气。当训练自己放下贪婪和苦恼之后，你就会在愤怒中沉默。相反，你会对强盗产生慈悲之心，你的心中会充满仁慈。在意识到你与强盗的联系之后，你将继续用你的仁慈“感化”他们，并进一步将这种仁慈扩展到整个世界。[2]佛陀的“五种未被掺杂的布施”，其中第一个就是不杀生。这被认为是不可侵犯的戒律，但正如我们将看到的，我们有办法绕过这条戒律。

在公元前5世纪和公元前4世纪的印度，佛陀生活和讲道的地方，佛陀的学说很温和。事实上，与许多其他宗教苦行者所倡导的极端戒律相比，佛陀的学说是一种“中庸之道”。这些苦行者像佛陀一样，都在反抗日益强大、根深蒂固的政治和宗教权力集团。这些宗教追寻者的不满隐含着对婆罗门祭司阶层的批评，婆罗门祭司阶层是宗教仪式而非道德生活的专家。这些持不同意见的奋斗者挣脱世俗，成为弃世者，他们离开了家庭和世俗的羁绊，靠施舍生活，并且互相辩论。他们详细阐述了大量关于生活和来世的看法。成为佛陀的释迦牟尼曾尝试过极端的苦行生活，他不吃饭、不睡觉，结果他却发现自己并未开悟。只有在他拒绝走上这条道路之后，他才成了佛陀（“Buddha”这个词派生于“*budh*”，后者的意思是从妄想中醒悟，去理解；这个词也与“*bodhi*”有关，意思是完美的知识）。佛陀中庸的新生活方式强调健康的身体和平静、快乐的心灵。在达到这种理解之后，佛陀回到了早期跟随他的僧侣身边，概述了一系列戒律，这些戒律强调根据适度原则调整过的禁欲主义。

一般来说，无论是居士还是僧侣，佛教徒的修行都包含冥想的形式。诵经就是其中的一种形式，包括一遍又一遍地以低沉的声音重复关键的佛教教义，而音调和节奏有细微的变化。另一种冥想的形式通常是由老师引导，从精神练习开始。这个方法从简单的吸气和呼气开始，专注于呼吸的动作，感知我们或长或短的呼吸的长度。正如佛陀所说，对于吸气和呼气，“整个身体都会感知”。“感知”在这里指的是我们扩大自己的注意力，仍然专注地集中在我们的呼吸上，但对我们的身体“本身”给予同样的关注。后半句话很重要：它意味着关注我们的身体如何行动和感受，而不是关注身体在世界中呈现出来的样貌。如果我们保持这种专注，我们就达到正念了。从感知身体，同时仍然吸气和呼气，冥想者转向其他焦点（可能在几周之后，也可能在几个月之后）：感觉、心灵、心理品质。所有这些活动的重点都是：“热心、正知、有念，以此来清除世上的贪婪与苦恼。”[3]

这种练习适用于居士，比丘和比丘尼则有更详细和具体的规矩。比丘尼尤其受到规矩的约束，其中许多规矩有关她们向比丘表示尊重的方式——鞠躬，等等。在一些地方，比丘尼和比丘一起住在一个院落里；而在其他地方，他们曾居住（并且现在仍然居住）在不同的共同体中。当比丘或比丘尼生气时，要么在私下（或者在佛陀或佛像面前），要么在每半个月一次的集会上，他们应当完全承认错误。因此，“若比丘愤怒不悦而打比丘，犯忏悔”。[4]

让我们回到“舍弃于忿怒”这个命令上来，这只是一部更长的经文的第一句，第一节经文如下：

> 舍弃于忿怒，除灭于我慢，解脱一切缚，不执著名色，彼无一物者，苦不能相随。[5]

解读这几句话可以让我们有效地总结出佛教的哲学和大致情况。与其说“舍弃于忿怒”是命令或愿望，不如说是承诺的一半：如果你舍弃于忿怒，那么痛苦和压力就不会侵扰你。下一句是“除灭于我慢”，阐述了愤怒的含义。“我慢”是骄傲，是自我的虚荣心，它把我们禁锢在我们先入为主的观念里，禁锢在我们所接受的范畴里。我们不是按照事物原本的样子来看待或思考它，而是用我们所学会的方式去思考它，不仅在我们的此世中是如此，而且在我们近乎无尽的生死循环的过程中也是如此。正如下一句经文所说，我们被自己错综复杂的观念之网“束缚”住了。这些观念是我们的一部分，是我们（虚假的）认同感的一部分。

我们可以摆脱枷锁。但只有当我们观察我们所感知到的事物，并且以一种新的方式思考它们时，这种情况才会发生。看到事物是如何出现和消失的，认识到它们的诱惑和缺陷，并且拒绝被它们所困。[6]通过冥想练习，我们实现“无一物”。不是所有人都能在此世做到这一点，也许我们会转世许多次才可以做到这一点，也许只是再一次完全“觉悟”后做到这一点。当“苦不能相随”时，这就是最终成就——涅槃。

佛教的基本观点是，认知到人生就是受苦，就是无尽的死亡和重生带来的无尽痛苦。除非众生能通过新的理解方式、新的思考和感受方法以及新的生活实践来打破这个循环。完全拒斥愤怒。即使强盗打算砍你，你也不会生气，而是会“保持友善与悲悯，保持慈心，内心没有嗔忿”。[7]佛陀的“五种未被掺杂的布施”，其中第一个就是不杀生，不杀有情众生，甚至也不杀昆虫。

★

然而，正是这些戒律导致许多佛教流派欣然接受战争和杀戮，通常这些流派会以“慈悲的暴力”这一形式接受它们。从一开始，佛陀就得到了历代国王的支持，从那时起，佛教的统治者通常免于受到关于暴力的苛责。例如，早期的僧伽罗编年史记录了6世纪一位佛教徒国王与入侵军队之间血腥而成功的战役。国王忏悔了，但8位开悟的僧侣告诉他，这种行为“无碍”他走向涅槃。他曾杀戮的人都是“邪恶的生命……不比野兽更值得尊敬”。[8]道德是双标的：敌人非佛教徒，因此他们并不具备德性，国王的行为出于“纯洁的目的”，以求拯救他统治之下的佛教徒。

出于“正确的目的”杀人不仅是统治者的特权。如果佛教徒的动机是有德性的，那么他们就可以杀人。根据东亚和南亚的很多人都遵循的大乘经典，如果佛教徒的心中没有不好的思想和感受，那么他们可以杀人。更好的做法是出于慈悲杀人。“善巧方便”这个概念为邪恶的行为开脱。在《佛说大方广善巧方便经》（*Upayakausalya*）中，据说佛陀有一世是一名船长。在梦中，他从海神那里得知，他的船上有一个邪恶的强盗计划抢劫并杀死五百名乘客。神告诉他：“此五百商人皆于阿耨多罗三藐三菩提已住不退转……而彼恶人于如是住菩萨法者。若造杀业永堕地狱无有出期。”经过一个星期的“审谛思惟”，船长，也就是佛陀意识到，如果他向众商人述说他的梦，“我若与此五百商人共断其命，而五百人皆堕地狱”。但若是他亲手杀人，地狱的痛苦就只有他一个人承受。他“以如是大悲方便”刺伤了强盗。结果，强盗“终得生天界”，五百商人继续开悟，并且船长也没有在地狱里受万世之苦，而是脚上长了很痛的刺。[9]

杀坏人是一种慈悲，这样的观念在金刚乘经典中得到了进一步的发展，金刚乘经典有时将杀戮视为将不道德者从其不良行为的后果（业力）中“解脱”出来。841年，吐蕃帝国赞普朗达玛被佛教徒刺杀，这不仅是达玛统治下受苦的佛教徒的解脱，也是达玛自己的解脱，因为这场刺杀阻止了他继续作恶。神话补充了这些想法，这些神话叙述了邪神恶魔被打败、杀死，但随即重生为佛教的保护者。

一旦克服了有毒的情感，密宗佛教就对暴力特别宽容。它创造了经过精心设计的男性和女性本尊万神殿，以帮助人们学会控制心灵并此世成佛——这确实是一条非常快的道路。对于被愤怒所困的密宗佛教徒，有“愤怒”的本尊（男性被称为赫鲁噶，女性被称为空行母）。他们长着看似充满愤怒的丑陋面孔，然而据说他们并不愤怒（见插图1）。他们会解放密宗修行者的不确定性、缺乏领悟以及精神错乱，他们展示出愤怒的可怕效果。然而，当他们将尸体踩在脚下时，他们唤起了胜利的荣耀。被称为时轮金刚法的密宗庆贺菩萨王和穆斯林军队之间的巨大战争：国王的军队消灭了野蛮人，摧毁了伊斯兰教，并重建了佛教。这个故事创作于11世纪，代表了佛教徒对印度北部同时期的穆斯林入侵者进行报复的幻想。这些暴力传统中有许多延续至今，有时还因民族主义的狂热和种族纯洁的西方神话而得到强化。我们知道，今天缅甸村民加入军队，杀害、强奸，并将罗兴亚穆斯林驱逐出家园。我们将在本书的最后一章更详细地探讨缅甸当今的情况。

★

在今天的西方，佛教经过适当的改编而得到引进。例如，如今成为法国人的越南僧侣一行禅师（Thich Nhat Hanh）写书，他用可以融入普通工作周的佛教来启发西方读者。他以一个天主教女人的故事作为一本关于愤怒的书的开头，这个女人在很短的时间内学会了正念冥想和慈悲，并使她那因愤怒和互相指责而被搅乱的婚姻恢复健康。[10]一行禅师为门外汉提供建议——从“吃健康的食物”到“不要散布假新闻”——还为他们提供了舍弃于忿怒的步骤：与表面上引起你愤怒的人约会，并向他们坦白你的愤怒。与此同时，进行冥想，这样你就会认识到你和“你的敌人”都在受苦。最后你应该会想道歉。这就是“关注愤怒”。

在当今大多数西方情感共同体中，某些形式的愤怒是被接受的，甚至受到赞美，而其他形式的愤怒则被回避。正如我们接下来会看到的那样，在历史上的大多数时候，错误的愤怒形式被认为是需要通过自控来解决的问题，而不是像佛陀所说的那样，是需要通过修改我们对现实的解释来解决的问题。但最近一些心理学家已经认识到“不恰当的愤怒”——社会上不可接受的愤怒——或长期愤怒是一种需要外部干预和治疗的心理问题。

如C.彼得·班克特这样的佛教治疗师采用佛教的苦难观念来帮助今天的人们克服他们的痛苦。在伊娃·法因德勒（Eva Feindler）编辑的一本书的其中一章中，班克特提出了管理愤怒的各种治疗方法。班克特思考了他将如何治疗“安东尼的愤怒”。[11]下文是安东尼的病历摘要，当我们比较治疗方法时，这个病例还会在本书的论述过程中出现几次。

安东尼的病历

有意大利血统的48岁白人男性，不信奉罗马天主教。

当安东尼越来越激烈的愤怒时刻有可能使他与妻子、女儿疏远时，他寻求治疗。虽然他认识到自己的愤怒尤其针对所爱之人，但当人或事使他的希望和期待落空时，他也会变得愤怒。就在他寻求治疗之前，发生了一件“令人尴尬的事情”：在执教他女儿所在的垒球队时，他因女孩们“缺乏竞争欲”而大发雷霆，对她们大吼大叫，把其中一些女孩逼哭了，还朝捕手扔球棒。目睹了他这些行为的父母要求他辞去教练的职务，他自己也感到“羞愧”。

在安东尼小的时候，他的母亲经常打他，而且一般也不鼓励他，对他很冷淡。当他7岁的时候，有一个叔叔开始对他进行性虐待，这种做法持续了五六年。十几岁的时候，（用他的话说）他“超级阳刚”，是游泳冠军以及才华横溢的足球运动员。然而，由于在酒吧与青少年斗殴，他失去了上大学用的体育奖学金。尽管他上了大学，也没有拿到学位。由于长期失业，安东尼对妻子成为家里经济顶梁柱这一事实感到不满。

作为西方佛教徒，班克特见过许多像安东尼这样的人，并考虑过根据他们的问题去调整佛教思想的方法。班克特不再强调死亡和转世的循环，不再关注生命本身固有的痛苦，而是关注精神疾病引起的痛苦。就像法因德勒这本书的其他撰稿人一样，班克特没有见过安东尼，他的讨论纯粹是理论上的。然而，这很好地说明了佛教如何成为一种治疗工具。

班克特首先观察到安东尼的痛苦与他的欲望、依恋有关。起初安东尼相信他的愤怒是正当的：他会说他之所以在垒球比赛中对女孩们大发雷霆，是因为她们表现得好像根本不在乎，她们的漠不关心“大错特错”。但班克特会向安东尼指出，他盲目而自私地执着于自己的愿望，让世界成为他想要的那个样子。根据班克特的说法，这是一个更普遍的问题中的一部分，即安东尼“渴望行事正确、受人尊敬，并且有人服从他”。在班克特看来，安东尼被自己对认可的贪婪所束缚，没有意识到他与他人有联系，因此必然会对他人和自己感到慈悲。

班克特的角色首先是“塑造”这种慈悲，他与安东尼一起受苦和高兴。他会坚持让安东尼既不要绝望也不要为自己找借口，要意识到愤怒是他心脏周围的一种毒药，一种“腐蚀性外层”。安东尼内心有“佛性”（爱与慈悲），他只需要突破自我的坚硬外壳。但是怎么做呢？班克特将佛教修行融入冥想练习的计划中。从白天的几次冥想时刻开始。这些冥想时刻起初只关注呼吸，然后他们加入对身体的关注——专注于身体的运动、平衡、伸展能力、触觉、视觉、味觉等。继而冥想渐渐包含对思想的关注：当安东尼意识到自己的思想，尤其是充分意识到自己的一些错误信念，即自己在道德上正确时，班克特会让他写日记，并且让他通过电话、邮件与班克特本人保持联系。安东尼就是这样慢慢放下以前的执念的。班克特对束缚安东尼的文化价值观很敏感，在安东尼所在的美国亚群体中，愤怒的男人坚持“关于‘对’和‘错’的绝对主义规则”，并援引许多抽象原则为自己辩护。他们坚信自己必须符合男子气概的标准，而根据美国文化来说，这种标准往往会给予暴力特权。在安东尼所在的情感共同体中，男人不信任除他们自己之外的所有权威，他们重视不屈不挠的个人主义、英勇的正义，以及“为正义挺身而出的超人”。当其他人不赞同他们时，他们会感觉受到伤害并且暴怒。在很多时候，他们需要控制实际上并不需要他们去控制的东西。班克特总结说，这些亚群体男人的愤怒是3种毒药的混合体：他们贪婪地想要掌控他人以及他人对他们的服从，敌视那些不愿或不会跟随他们的人，并且对现实抱有幻想。

在治疗空间所提供的“庇护所”中，班克特要求安东尼在他的正念练习中加入10个步骤的计划。首先是要求安东尼反思自己迄今为止发表过的独裁言论。“必须在治疗中发现和处理男性愤怒的整套性别特征”。随后安东尼应该继续看看他践行过的惯常模式：尖锐地反对、挑战别人并且经历失望，然后变得暴怒。至少在理智上，他必须接受愤怒不仅会伤害别人，也会让他自我毁灭（正如佛陀所言）。剩下的治疗方案按照培养新习惯行事，让安东尼练习做出善意的举动，而不是做出对抗的行为，并且要求他享受别人由此带给他的愉悦。最终，安东尼应该绕回他的童年，将其中的痛苦转化为对所爱之人的保护，他应该通过原谅施虐者来治愈自己。

对班克特来说，愤怒没有任何用处，也没有伦理上的正当性。他回应着佛陀所说的“舍弃于忿怒”。反对的观点认为，愤怒是人性的一部分。对于这样的观点，班克特会回答道，人的本性——真正的人性——是“佛性”。我们通常所认为的本性必须得到转化，并且必须通过生命是受苦这一观点，以及练习正念冥想得到转化。

★

什么是愤怒？永久的定义是没有意义的。与所有情感一样，人们无法在显微镜下观察或者用仪器操控愤怒。只有通过观察人们如何定义愤怒，以及观察人们对愤怒的原因和影响的想象才能知晓愤怒，这种影响可能是侮辱、提高声音、血压升高、大脑某些区域的氧合作用。“什么算是愤怒”这个问题因情感共同体而异，判断愤怒的方式也不同。我的母亲断定我很“愤怒”，是因为我打了洋娃娃。而当我的父母吵架时，我也确信他们很愤怒。我的母亲不赞成我的行为，但我对他们的行为也感到非常害怕和不适。然而在我所在的情感共同体中，没有人建议我们应该“舍弃于忿怒”。事实上，在某种意义上，争吵“澄清了事实”，甚至人们认为打洋娃娃也是有好处的，因为“愤怒被发泄出去了”，就好像愤怒是一种气体或者有毒的食物，我必须把它排出去。表达愤怒比“压抑”（repression）愤怒好得多，“压抑”这个词是由弗洛伊德普及给大众的，他假定压抑是导致精神失常的原因。

然而，对佛陀来说，不适、不赞成、赞成、把心事说出来，这些根本不是问题所在。愤怒意味着受苦。它不是要被“排出”或“压抑”，而是要被超越。愤怒是自我的问题。由于我们都是相互联系的，所以我们必须放弃这个“自我”。在毗摩质多的故事中，佛陀这个榜样是不肯被伤害或以伤害回击的“铁氟龙”神明；在双柄锯子的寓言中，佛陀这个榜样以同情和善意面对自己被肢解的情况。

如今对待愤怒时，在美国，像班克特这样的治疗师发现有必要使佛教哲学适应美国文化中的某个亚群体，该群体赞扬愤怒，认为愤怒是阳刚的和正义的。但班克特并没有偏离佛教的立场，即认为任何形式的愤怒都必然会让愤怒的人和其愤怒的对象都受苦。

在9世纪刺杀赞普朗达玛的佛教徒并不认为他们生气了。相反，他们是非愤怒暴力这一悠久传统的一部分。但是有很多佛教流派、佛教情感共同体。并非所有佛教徒都相信谋杀是正当的。在缅甸，尽管今天缅甸村民对罗兴亚人的迫害仍在持续发生，但还有一些村庄仍在培养佛教徒与罗兴亚人的合作关系。2014年，佛教寺院住持威图（U Witthuda）为数百名逃离缅甸中部暴力冲突的穆斯林打开了寺院的大门。很快，敌对的群众聚集在寺院外面，要求住持交出难民。住持回答说："我是在帮助有困难的人，如果你们想抓他们，那么你们必须先杀了我。我不能交出他们。"[12]于是这些敌对的群众撤退了。

★

世上有很多佛教义理，其中有一种说法是，一切杀生都源于愤怒，都是不好的。另一种说法是以佛教的生存为名给愤怒和暴力辩护。还有一种说法教导人们，如果不带着愤怒犯下杀生这一戒，那么杀生有时也是一种慈悲。在缅甸，正如住持威图那一事件所表明的那样，当人们面对佛教内部不一致的信念和相互冲突的情感规范时，他们可能会犹豫不决。“舍弃于忿怒”，佛教的绝对原则，但它在任何特定情况下的含义还有待阐释。

第二章

斯多葛主义

许多评论家都看到了斯多葛主义与佛教之间的相似之处。但如果古罗马政治家、朝臣兼斯多葛派哲学家塞涅卡（卒于65年）了解佛陀，他就会发现佛陀极其不寻常以及乐观。在塞涅卡看来，如果在正确的哲学之下得到适当的教育，有极少数人（主要是男人，也许还有一两个女人）就丝毫不会生气。这就是目标，而且所有人都应该追求它，但这个目标不太可能实现。塞涅卡对人性、生命和自然秩序的假设与佛陀截然不同。

首先，塞涅卡从未声称自己已经实现“舍弃于忿怒”。事实上，在塞涅卡临终前写给他的朋友鲁基里乌斯的一封信中，塞涅卡描述了他最近发火的瞬间。他回到了自己的一处乡间居所，发现他的房子破败不堪。塞涅卡承认道：“我很生气，而且抓住了最接近的借口来发泄我的愤怒。”那个“最接近的借口”就是他的管家。但可怜的仆人解释说，房子太旧了，无法修缮。现在塞涅卡看到了幽默之处：他亲手建成了房子，他们一起变老了。同样地，塞涅卡也太老了，无法修绪。[1]一点点幽默是塞涅卡避免愤怒的秘诀之一。

这对塞涅卡来说真是千钧一发的时刻。在他面对倒霉的家仆之前大约10年，他写了3本关于愤怒的书。在一篇以对话形式写作的论文中，塞涅卡认为与愤怒有关的一切都是错误的和令人痛苦的，应该完全避免愤怒。塞涅卡用尽所有修辞手法，把愤怒描述成丑陋的、不得体的，是对个人关系纽带的遗忘，愤怒只热衷于造成痛苦。愤怒即使压垮了别人，也会把愤怒的男人或女人变成瓦砾。

塞涅卡用拉丁语写作，他用“*ira*”这个词表示愤怒。“*ira*”是许多拉丁语词汇的词根，比如“*iratus*”（愤怒）、“*iracundus*”（易怒的）、“*iracundia*”（易怒）等，“*ira*”也是英语“ire”（愤怒）、“irascible”（易怒的）、“irate”（生气的）的远古祖先。拉丁语中还有两个含义大致相同的词：“*indignatio*”（愤慨），英语中的“indignation”（愤慨）源自该词；“*bilis*”（愤怒），源自“bile”（胆汁），后者是肝脏分泌并储存在胆囊中的棕黄色苦涩液体。当塞涅卡谈到愤怒时，他没有——也许也无法——想象愤怒的温和形式。他的愤怒是一种非常强烈的感觉。这一事实有助于赋予愤怒一段历史：在每一种文化和每一段时期中，它的“感觉”都不尽相同，即使在很多例子中，人们使用了相同或相似的词语。

我们一定会想知道，虽然塞涅卡完全蔑视这种情感，但是他为什么在信中轻而易举地就承认自己很生气？事实上，他是一个充满矛盾的人。他很富有，却抱怨财富；他是皇帝的顾问，却对权力保持警觉；他很愤怒，却毫不妥协地反对愤怒。他说，他写这篇关于愤怒的论文是因为他的兄弟诺瓦图斯曾要求他为“消除愤怒开一剂药方”。[2]然而，事实上，塞涅卡几乎没有谈到“消除”的问题。相反，他写了为什么人们应该完全避免愤怒，以及人们避免愤怒的方法。他关于愤怒“全有或全无”的态度是斯多葛主义的基本假设之一，并且他是一位坚定的斯多葛主义者。在年轻的时候，他曾跟随斯多葛学派的老师学习。他说在每晚的自我反省练习中，他都会跟随其中的一位老师，“检视我自己一整天的行为”。每次检视之后，他都发誓不再犯同样的错误。[3]

斯多葛主义最初是希腊的产物，它诞生于亚历山大大帝征服之后的余波中（公元前323年之后）。它公然挑战当时占主导地位的古希腊哲学传统——柏拉图和亚里士多德的哲学传统。柏拉图的对话是开放式的，总是稍有歧义，但在设想人的灵魂由三部分组成，并且按照等级排列时却足够清晰。不朽的部分是最高的——按照字面意思是在头上。在头的下面，心脏和肝脏容纳情感。较好的激情是勇敢和愤怒，它们在心脏中，而位于较下方的肝脏则充满了食欲和私欲。后来，柏拉图主义者谈到头脑是理性的居所，心脏是充满活力、易怒的激情的容器，而肝脏是欲望、由色欲引发的感觉的所在。对柏拉图来说，只要愤怒（像所有其他情感一样）服从理性的命令，它就是善好的，能激发活力和使人勇敢。但他警告说，易怒的激情往往是不受控的，它很难被驯服，而且并不总是在理性的统治之下。

曾经是柏拉图学生的亚里士多德并不完全同意老师的说

法。他将情感置于灵魂的理智部分，这部分包含了理性。而且尽管情感本身属于无逻各斯的另一半，但这一半可以并且应该与它对应的有逻各斯的一半共同运作。如果在恰当的时间，出于恰当的理性，以恰当的方式感受到情感，那么情感就是有益的，有助于德性。

与柏拉图、亚里士多德不同，斯多葛学派并没有将灵魂分成几部分。灵魂（也就是心灵）对他们来说是身体中统一的“指挥中心”。[4]心灵位于胃、心脏和肺周围的战略性位置上，是精神性的，但具有物质性。对成年人来说，心灵是理性的。沙发后面的小女孩没有能力选择、决定，也没有能力把一个目标置于另一个目标之前，但是，如果成年人不让他们的理性受到污染的话，那么他们有这种能力。情感是理性的疾病，是理性的失控和错乱。愤怒永远不可能像柏拉图和亚里士多德所设想的那样受到理性的控制，因为一旦被愤怒污染，理性本身就会出错，扭曲变形。塞涅卡将被愤怒侵染的心灵比作坠崖之人的身体：“它就再也没有能力去控制它的刺激；它的重量和恶行所要求的向下趋势必定会促使它仓促地下落，驱使着它达到终点。”[5]注意这里“恶行”这个词，它对后世产生了深远的影响。像其他斯多葛主义者一样，塞涅卡用恶行指人们对“外物”的投入——金钱、食物甚至是健康和生命。外物是超出我们控制的。相比之下，德性则取决于我们自身，这些德性是慷慨、适度使用外物、友爱。

屈从于愤怒意味着失去我们的理性，而且由于人生来是理性的，所以愤怒实际上意味着失去自我。我们从来没有比在愤怒的时候更丑陋的时刻；我们永远在愤怒的时候更容易成为那些与我们本性无关的事物的奴隶；我们始终在愤怒的时候最邪恶、最奸诈和最可耻。愤怒导致我们的血管破裂，我们的身体生病，我们的心灵发疯。总之，愤怒伤害了愤怒之人，就如同它试图伤害他人一样。塞涅卡的观点并不是像佛教所说的那样，生命是受苦，我们必须放弃“我执”才能超越痛苦。相反，他认为我们应该利用生命给予我们的东西，接受生命没有给予的，并且努力控制我们可控的，即我们自己。

人生来是理性的，我们作出判断、作出决定。例如，当我们需要食物时，理性的做法是去商店买一些吃的东西。但理性并非万无一失，有时，或者说常常，我们的推理是错误的。情感是错误判断的结果。塞涅卡说，愤怒是我们错误地认为有人故意和不公正地伤害了我们，我们必须做一些事情以报复那个人，如惩罚、复仇、反击。

亚里士多德对愤怒曾有过表面上看起来差不多的定义。和塞涅卡一样，亚里士多德认为愤怒是当一个人认为自己遭遇他人不公正的轻慢时，想要报复的欲望。然而，与塞涅卡不同的是，他认为这样的欲望可能是非常合理的。当然，如果你遭遇他人公正的轻慢，那么愤怒就是荒谬和不道德的，比如，主人有权伤害他的奴隶。但是，如果你被他人不公正地伤害了，那么你就会被激怒，这是正当的，实际上这是道德上的义务。亚里士多德认为愤怒是身体和灵魂的自然功能，而且在健康的社会和政治环境中它是适度的。相比之下，塞涅卡和斯多葛学派普遍认为愤怒是非自然的："当人性的精神状态没有被扭曲时，还有什么比它更温柔和善的呢？"[6]虽然塞涅卡知道几乎有无限多的理由可能会激起愤怒，但没有人能正当地这样做。

当然，有些人需要被惩戒，但塞涅卡区分了"理性的惩戒"和不加限制的愤怒。我们可以假装对做错事的人生气，但我们真正的目的应该是"以伤害为幌子进行治疗"。[7]法官应先以温和的言辞进行训斥，如果结果无效，他们应该诉诸轻度处罚。死刑应当少之又少，这对罪犯和整个社会来说都有好处。

塞涅卡还嘲笑柏拉图认为愤怒可能具有振奋士气的有用效果的想法。恰恰相反，塞涅卡说，罗马通过冷静地规划战胜被愤怒激怒的敌人，这证明愤怒阻碍了士兵。如果愤怒在战争中毫无用处，那么它在和平中还能发挥什么作用呢？但是，让我们说说明智的人"看到他的父亲被谋杀，他的母亲被强奸"这种情况下的感受。塞涅卡回答说，他应该不会感到愤怒，而是会感到"适度的奉献感"。他继续说："如果我父亲正在被人谋杀，我会保护他；如果他被人杀害了，那么我会让这件事有个正确的结局（为他报仇），这不是因为我悲伤，而是因为这是我的责任。"[8]

在这一点上，塞涅卡有点儿偏离斯多葛学派的"强硬立场"。在希腊世界被罗马人征服之前，处于形成时期的斯多葛学派绝不会同意把复仇当作"正确的结局"。塞涅卡在这方面与斯多葛学派不同。在他所处的生活环境中，家庭、军队和宫廷中的权力都仰赖一小部分惯于为所欲为的富裕的特权精英阶层的突发奇想。如果塞涅卡认为报复本身是不道德的，那么他就没有拥护者，而且他可能会不忠于自己的信念。他是他的写作所针对的精英阶层的一部分。在撰写关于愤怒的论文时，他已经从克劳狄乌斯皇帝下令流放他的地方归来，恢复了朝臣的职位。他现在（或即将）是日后成为尼禄皇帝的那个男孩的家庭教师。尼禄掌权后，塞涅卡成了他的顾问之一，并偶尔为他辩护。例如，尼禄寄给元老院的信是塞涅卡写的，为尼禄谋杀他的母亲辩护。塞涅卡生活在报复的环境中。

这个环境让塞涅卡更有理由书写下那个时代，生活在其中复仇是错误的，并且让塞涅卡担心愤怒在其中发挥的作用。正如斯多葛学派通常认为的那样，塞涅卡认为愤怒不仅是理性的偶尔误用，还是习惯性的误判，培养、教育、社会地位和文化预期为它铺平了道路。这些经历有助于解释为什么大多数人会生气，以及为什么有些人的性情非常暴躁。塞涅卡承认，人们可能天生就有愤怒的倾向。他赞同古代版本的DNA理论，该理论假设人是由四种元素以及它们所对应的特性所组成的，即空气、水、火和土及其对应的冷、湿、热和干燥。人类变异源于这些因素的不同组合。例如，由潮湿和水构成的人对愤怒很迟钝，而具有热和火这些气质的人很容易愤怒。

即便如此，人也不仅仅是他们初始禀赋的产物。生活经历也塑造了人。疾病、工作过度、失眠、不顾一切坠入爱河等挫折会使心灵变得脆弱，并且容易作出错误的判断。培养对塑造人来说同样重要。沙发后面的小女孩可能生来就脾气暴躁，但她的母亲不想让她这样成长。养育孩子意味着取长补短。塞涅卡认为，在孩子表现出愤怒时，应该责备他们；而在孩子表现出坚强的品格时，应该鼓励他们。这么做很棘手，因为赞美可能会带来良好的自我印象，但同时也会助长傲慢。这其中最糟糕的是溺爱孩子，娇生惯养，满足孩子的所有愿望。当任何冲动都不受阻，当"不"这个词被绝口不提，愤怒就成了习惯。当塞涅卡观察他那个时代的政客时，他可以看出这个真相。他自己就是这样的人，所以他必须小心，因为正如管家事件所表明的那样，即使是他也容易生气。然而，比溺爱更糟糕的是，任由孩子为所欲为，以致他们的愤怒变成了残忍。残忍的人并不愤怒，但他们很反常，以至于他们以殴打、伤害和杀害他人为乐。"这不是愤怒，是兽性"。[9]

因此，习惯和培养是恶行和德性的关键所在。习惯和培养合力可以把一个人变成一头怪物。更多时候，它们会创造出软弱、矛盾和判断草率的心灵。而在极少数情况下，他们可以塑造出坚强、稳定和审慎的心灵。我们不清楚塞涅卡是否认为古代世界中反社会的人应当为他们的嗜血行为负责。但在其他情况下，他坚持认为每个人都要为自己的判断和观点负责，所有人都要为自己的情感及其带来的后果负责。由于人们的心灵赞同各种相互冲突的判断，所以他们常常充满矛盾，陷入情感的魔掌。他们摇摆不定，似乎失去了控制。

然而，事实并非如此，因为他们自己也同意被支配。只有假想中的智者拥有一套完全融贯的信念，使他们自己能认同一套符合德性的“好情感”，比如，乐于做出慷慨的行为，或者厌恶看到可耻的事情。

如果说普通人的情感是错误的判断，那么塞涅卡是如何理解生理变化的呢？如今许多人认为心跳加速、手心出汗等是情感的重要表现。塞涅卡并不同意这一观点。发抖、脸红，随后感到轻微头痛，这些都是我们无法控制的。塞涅卡称之为“初动”，更生动地说，是“震撼”或“触动”。初动发生在任何评价之前，它们不是情感，但它们预示着危险，因为人们必须判断出它们的重要性。

在愤怒的情况下，我们将心跳加速视为初动。当我们的心灵思考是否同意最初的触动时，“第二次促动”就立即发生了。我们想象自己被轻视了，这让报复的念头涌上心头。然而就像身体反应一样，这种想法还不是情感，因为另一个判断可能会阻止它。

可能会出现这样的场景。我们正以合理的速度行驶在路上，突然有人在我们身后按喇叭。我们立刻产生初动，接着是第二次促动，即我们认为自己是别人按喇叭的对象，但我们很委屈。我们暂时希望做一些有敌意的事情来回应对方。这里的第二次促动是“愤怒”吗？不是的。塞涅卡写道：“我不把这称之为愤怒，愤怒越过理性，将理性扫地出门。”[10]“扫地出门”是第三次促动，即无论发生什么，我们都想要报复。因此，第三次促动是更审慎的判断，并且导致复仇。在汽车按喇叭的场景中，如果我们判断喇叭声是完全恶意的，那么我们就会放慢速度像爬行一样，以嘲讽我们身后的司机，哪怕这样做会违背我们的最大利益。但在许多情况下，第三次促动绝不会发生，因为当我们意识到按喇叭只是为了向我们发出信号示意车子后面的消声器时，随后我们就会改变主意并且冷静下来。

在这三次促动中，只有第二次促动是我们可以控制的，我们既不能阻止初动发生，也不能在第三阶段抑制住激情对人的控制。

今天有一些认知心理学家同意塞涅卡性情三阶段的大致框架。例如，南希·斯坦（Nancy Stein）和她的同事指出："婴儿和成人都会对某些类型的刺激做出情感上的自然反应。自然的身体反应以固定的动作模式生成，无须评估信息。"[11] 在塞涅卡的术语中，这些反应构成了初动。对于塞涅卡和斯坦皆是如此，初动不是情感，但它们确实会造成生理上的变化，从而让我们的注意力集中在它们身上。然后，我们评估这些变化以评价它们对我们的幸福的影响。这个阶段类似于塞涅卡的第二次促动。最后斯坦说，我们的信念就被激活了，这个信念认为我们对这些刺激应当采取行动，做出回应。这个阶段相当于塞涅卡的第三次促动。虽然对于塞涅卡来说，这个阶段是不受控制的，但在斯坦的表述中，恰恰相反，第三阶段仍然是评估过程的一部分。在愤怒这个例子中，斯坦认为的各个阶段表述如下：（1）突发事件，比如后面的司机按喇叭使我们看后视镜，这会导致（2）"重要目标的失败或我们无法避免的令人厌恶的状态出现”（当我们判断有人有意伤害我们时），紧随其后的是（3）出现信念，这种信念认为我们“可以用某种方法恢复之前的焦点目标，可以消除令人厌恶的状态，或者也可以消除使目标失败的原因”。比起塞涅卡的最后阶段，即报复来说，斯坦称为“情绪事件”的最后阶段表面上看似乎更普遍、更“理性”。但塞涅卡也想到了一整套报复的可能形式，包括单纯的伤害愿望。对于这两位理论家来说，不存在不包含这套顺序的情感。

此外，塞涅卡和今天的认知语法支持者（评价理论专家）都关注价值观和目标。他们都认为，情感涉及长期通过培养、教育、思维习惯等形成的信念。但塞涅卡认为愤怒绝对不对，而斯坦的团队不认可任何特定的价值体系。事实上，斯坦的团队只是简单地谈到“个人重要目标”。然后，塞涅卡也会说，愤怒——认识到某人做了一些有害的事情——总是会导致一种欲望，即报复的欲望，而斯坦的团队至少会抽象地考虑其他可能性。

让我们想象一下，我们认为自己受到了伤害，但意识到自己做错了。这就是伦理时刻到来了。我们看到“伤害”是在无意中发生的，或者我们意识到所谓的冒犯者有他自己的理由。如果孩子冒犯我们，我们应该归咎于他们的年龄；如果女人冒犯我们，我们要归咎于她们会犯错误的正常性格（这是关于女性的非常典型的古代观念）；如果有人奉命行事或担心自己的生命安全（塞涅卡两者都经历过），那么我们需要从他的角度来看问题。我们都不是完美的，而且我们都是人，因此应该明白换位思考的感觉。

与其他所有情感不同，整个集体可能会被愤怒的“瘟疫”所感染。在这个论证中，塞涅卡证明了他离我们这个时代有多远。他宣称，我们从来没有看到过整个民族为爱而炙热，没有看到过整个社会都致力于获得利益，也没有看到过竞争中的每个人都取得成功。塞涅卡无法想象德国纳粹的“希特勒万岁”这一口号所传达的谄媚。对他来说，只有愤怒才有能力败坏群众，而不是任何其他情感。塞涅卡注意到“整个民族常常陷入集体愤怒”，他甚至将他们的愤怒归咎于战争的暴力，战争伴随着“流血和下毒……城市的陷落和国家的灭亡……房子被付之一炬”。[12]

佛陀说：“舍弃于忿怒。”塞涅卡说：“彻底摧毁它。”这两者是有区别的。在第一种情况下，当我们“觉悟”到新的现实时，我们会把愤怒抛在脑后。而在第二种情况下，我们仍然深陷于这个世界和它的诱惑之中，因此会生气。我们处在一场必须持续战斗的战役之中。

然而，在塞涅卡的戏剧中，有时他似乎偏向于不去抵御愤怒的诱惑，反而喜欢复仇的甜蜜。例如，他笔下的美狄亚积极地追求愤怒的狂热能量：“用愤怒武装你自己！”[13]阿尔戈英雄伊阿宋曾是她的丈夫和她两个儿子的父亲，伊阿宋与她离婚并与另一个人——克瑞翁国王的女儿结婚。然而正如伊阿宋所解释的那样，他这么做有充足的理由，如果不这么做，他和他的家人就会死在复仇心很重的阿卡斯托斯国王手中。现在伊阿宋和他的孩子们有了克瑞翁国王这个守护者。但美狄亚不为所动。她施展魔法，导致伊阿宋的新婚妻子死亡，而且，由于她知道对伊阿宋来说，他的儿子是极其珍贵的，所以她杀死了他的儿子，让伊阿宋痛苦不堪（见插图2）。正如塞涅卡在他的论述中所说，就美狄亚谋杀了自己的孩子而言，她确实给自己带来了毁灭。但这出戏剧以她的胜利告终，因为她乘坐着“带翅膀的战车在风中飞向了天堂”。

因此，塞涅卡的《美狄亚》似乎与他关于愤怒的论述相矛盾。但是这部喜剧最新的编辑兼译者A.J.博伊尔（A. J. Boyle）展示了如何调和这两者。塞涅卡的论文讲述了愤怒对每个人的影响，而塞涅卡的戏剧展示了愤怒和报复的持续循环所造成的长期破坏。当戏剧中的角色为自己辩解时，我们会了解到其他角色的愤怒。例如，克瑞翁说他正在保护伊阿宋免受阿卡斯托斯的愤怒的影响，而阿卡斯托斯的父亲正是被美狄亚的诡计所谋杀的。与此同时，众神也有他们复仇的理由。伊阿宋的“阿尔戈”号是第一艘在海上航行的船只。在他启航之前，水和陆地有它们各自独立的领域。因为伊阿宋通过在船帆上利用风的力量，“为风制定了新的法则”，所以他背叛了自然界原先的和谐。众神惩罚伊阿宋并没有错，因为斯多葛学派推崇自然法则，而这些法则确实因伊阿宋的傲慢遭到破坏。美狄亚的复仇是众神的工具。当复仇是“正确的结局”时，塞涅卡并不会谴责它。

★

塞涅卡在他那个时代并不是特别受欢迎或有影响力。他最大的影响力出现在文艺复兴时期及在此之后，当时他作为新斯多葛主义哲学运动的一部分被提及，这场运动席卷了欧洲精英阶层。但塞涅卡的观点对于理解愤怒在罗马帝国的地位是很重要的。这并不是说他的观点很“典型”。相反，就像在我们自己的社会中一样，在罗马社会，各种情感共同体都以他们自己的方式体验、表达、重视和贬低感受。塞涅卡是一个相当小但有影响力的共同体的典型代表。与其说它是文学共同体，不如说它是社会共同体，即他们是斯多葛学派关于愤怒的教义的受众，其中的受众包括西塞罗和恺撒。

古典学家威廉·哈里斯（William Harris）表示，罗马人将他们扎实的城邦基础与愤怒联系在一起。[14]就像该隐和亚伯的故事一样，罗马的故事也包括兄弟之间相互残杀，古罗马历史学家李维说，罗穆卢斯（Romulus）出于愤怒杀死了瑞穆斯（Remus）。在古罗马历史中的大部分共和时期——在那个时期（结束于14世纪），罗马由精英而非皇帝统治——很少有罗马人将他们政治生活中的问题归咎于愤怒，相反，他们谴责腐败和野心。我们可能看到的是愤怒，但罗马人看到的是贪婪和堕落。

这种局面会改变，罗马人会接触希腊思想，在公元前146年希腊并入他们的帝国后，这种接触越来越多，这时一些罗马元老开始缓慢但肯定地将愤怒视为一个重要的道德问题。

当雄辩家、政治家和哲学家西塞罗给他担任古希腊行省总督的弟弟昆图斯（Quintus）写劝诫信时，他指出昆图斯的一个缺点是易怒。[15]昆图斯无法控制自己的脾气。西塞罗写道："因为在冷静的计算本能够阻止愤怒之前，你的心灵已经对愤怒感到惊讶了。"补救措施是"审慎地做好准备……千万要小心控制你的舌头"。保持沉默与塞涅卡消除愤怒的告诫相去甚远，但它表明了西塞罗对这个问题的敏感度。

我们没有证据表明昆图斯听从了他哥哥的建议，但大约在同一时期，历史学家撒路斯提乌斯（Sallust）将关于愤怒的有害影响的措辞强硬的声明归功于恺撒。当时，罗马执政官候选人喀提林心怀不满，他发动了叛乱。当元老们在决定一些同谋者的命运时，恺撒反对处死他们。罗马的政策，也就是法律本身，禁止杀害公民。恺撒说，处死是一种情绪化的、非理性的反应。他警告人们不要激情应对。他宣称："所有人都要摆脱仇恨、友爱、愤怒和怜悯。"一旦这样的感受取代了理性，那么在它们的影响下，没人能作出正确的判断。如果无关紧要的人出于愤怒而采取行动，这并不重要。但那些在公共舞台上审议和作出决定的人没这么多的自由，他们必须表现得没有感情，"最重要的是，他们不应该愤怒。因为对其他人来说所谓暴躁的东西，在有权势的人身上被称为骄傲和残忍"。[16]这篇演讲说服了一些人，但也只是暂时的。西塞罗拥有最终发言权，即处死这些同谋者。然而，他不认为自己是受到愤怒的影响。与之相反，他说他受到了"独特的人性和仁慈"的影响。他没有发怒，而是在拯救罗马。面对密谋“谋杀我们、我们的妻子和孩子”的人，他建议采取严厉的反击，这实际上是真正的仁慈。这就是他的立场，而且这种立场被采纳了，于是阴谋者被处死。[17]

总之，大约在公元前1世纪中叶，罗马精英阶层中的一些人认识到，不表现出愤怒的样子并且实际上表现得仁慈是一种政治上的权宜之计。在罗马人谴责愤怒的早期阶段，重点是表演，人们需要表现出不愤怒，然而可能会有其他感受。但即使是在表演，免于愤怒也没有得到普遍赞赏。人们仍然普遍认为，当有权势的人受到伤害时，他们就会而且应该采取行动。在为马库斯·凯里乌斯（Marcus Caelius）辩护时，就连西塞罗也承认一个普遍的观点：“当强壮的人受到伤害时，他们会感到痛苦；当他们愤怒时，他们会失去理智；当他们受到攻击时，他们会战斗。”但他提起这样的人只是为了诋毁他们作为控方证人的作用：“法官们，请不要考虑他们的过激行为。”[18]

此后许多个世纪里，西塞罗和塞涅卡所代表的少数派地位仍然微不足道。4世纪末，基督教成为罗马帝国的国教。但发生在5世纪和6世纪的野蛮征服并没有动摇这一事实，因为野蛮人也信奉，或将很快信奉基督教的一种或另一种形式。基督徒通常将罗马价值观颠倒过来：“圣战者”是烈士，而不是战场上的士兵。家庭、身体、财富——所有罗马美好生活的旧基础——都被基督教仔细审查，并且它拒斥了其中大部分价值。但罗马人对愤怒的矛盾心理被保留了下来。

保留这种心理的部分原因是基督教本身有许多相互矛盾

的愤怒的例子需要调和。旧约展现了一位经常且理所当然发怒的神。相比之下，在新约中，耶稣很少发怒。在《马可福音》(3:5)中，耶稣愤怒而痛苦地环顾四周，看着会堂里的犹太人，他们在安息日对一个手部干枯的人无动于衷，不施帮助。在耶稣的登山宝训(《马太福音》5:22)中，他谴责"凡向弟兄动怒的人"。在全部4本福音书中，耶稣在圣殿中驱逐买卖双方，在某些版本中，他还推翻了兑换银钱的商人的桌子。但是这些关于圣殿事件的记载都没有说耶稣生气了，书写这一情节的教父作家也没有讨论过耶稣的感受。

由于旧约中上帝的重要性，很少有基督教思想家或信仰者完全谴责愤怒。尽管如此，在将愤怒吸纳进基督教文化语境的过程中，少数人确实保持着塞涅卡的传统。6世纪的布拉加主教马丁(Bishop Martin of Braga)是塞涅卡文章的早期狂热爱好者。塞涅卡为他的兄弟和其他罗马精英阶层的成员写作，而马丁则为伊比利亚半岛的一位主教写作，这位主教和马丁一样，担心基督教共同体的救赎。

这些教士的关注点是牧师式的，而不是哲学上的。因此，虽然马丁从塞涅卡那里借用了他的大部分语言，但他还是彻底重组和缩写了塞涅卡的论述。在总结了愤怒的可怕影响之后——愤怒的丑陋、疯狂、顽固——他转向了三种实用的补救措施，提出了有用的自助指南。他说，可以通过三种方式"对抗愤怒"。首先，可以直接说不，拒绝屈服于愤怒。其次，如果你承认愤怒"发作"了，那么"暂缓一下……如果你等待一下，愤怒就会停止"。最后，治愈他人的愤怒。想方设法暂缓他们的愤怒，假装自己生气以扮演"有同情心的受害者同类"，或者设法让愤怒者感到羞愧或害怕。[19]

马丁的建议产生了影响。我们对野蛮欧洲的描述——愤怒的国王、激烈的内战、凶残的仇杀——很大程度上是基于6世纪的都尔主教格雷戈里（Bishop Gregory of Tours）对法兰克人的描述。[20]但格雷戈里的历史并不客观，因为他坚信他所在的时代的罪恶是一种结果，尤其是愤怒最致命形式的结果，这种信念扭曲了他的历史。在他的《历史十书》（*Ten Books of History*）的前言中，他将他所在的时代的灾难归咎于人民的野蛮和国王的暴怒。他也没有让他的主教同僚脱身，他认为愤怒是他们的主要恶行。至于他自己，他通过嘲笑、幽默和讽刺来抵御愤怒。格雷戈里熟知布拉加主教马丁。从某种意义上说，他采纳了马丁治疗他人愤怒的建议：他的《历史十书》旨在让他同时代的国王、主教和有文化的平信徒对自己的暴怒感到既羞愧又害怕。

但在6世纪之后，塞涅卡关于愤怒的思想经历了长期的衰落，斯多葛哲学也是如此。从11世纪到13世纪，仅仅在意大利南部，而且只有那里的僧侣在阅读和复制塞涅卡关于愤怒的论述文章。然而，13世纪，在巴黎，这种思想被方济各会修士"重新发现"，他们像布拉加的马丁一样将其用于教牧。最大的不同在于，修士的听众比马丁的广泛得多，其中包括欧洲城市中心的世俗和笃信宗教的男男女女。但是很快教会的垄断就会被打破，以宗教分歧为由的战争将带来厌恶愤怒的新理由和该事业的新拥护者。

★

与斯多葛主义的流行观点不同，古代形式的斯多葛哲学的要点既不是满不在乎的冷漠，也不是充满耐心的忍耐。它的目标是变得理性，并且控制我们可能一直希望完全掌控的唯一事物，即我们自己。愤怒不是自然的，也不是必要的。事实上，它是反常且具有伤害性的。大多数人都毫无疑问感受过愤怒的刺痛和想要报复的念头，但他们也有让自己清醒过来的办法：当场作出正确的判断，观察自己的感受，审视自己的日常行为，嘲笑自己的愚蠢行为，并且从错误中汲取教训。

第三章

暴力与新斯多葛主义

当我打我的洋娃娃时，我的母亲说我生气了。她怎么会知道我的感受？如果我在捶打洋娃娃时说了什么，那可能是“坏娃娃，坏娃娃”，而不是“我很生气”。从我的角度来说，我对自己的洋娃娃施加暴力，这可能只是一种正确的判断，一种塞涅卡称之为“合理”的惩罚。（也许在我看来，我的洋娃娃做了坏事。）但是我的母亲不赞成我的所作所为，并且将我打洋娃娃的行为解释为“内心充满愤怒”。我们经常将愤怒与我们谴责的暴力事件画上等号。由此得出的推论是，当我们赞成使用暴力时——将人关进监狱、支持死刑或自豪地奔赴战场时——我们很少认为这些行为是由愤怒激起的。

愤怒总是意味着暴力吗？并非始终如此，正如我们将要看到的那样，但是有许多情感共同体都将两者联系在一起。在16世纪和17世纪，由新教改革引发的恶意宗教战争席卷了荷兰、德国、法国和英国。对于当时的许多人来说这种暴力行为看起来是荒谬和不可思议的。其中有一些人求助于斯多葛学派，特别是塞涅卡，以寻求指导，历史学家把他们称为新斯多葛学派。但在这里，我们需要将两种新斯多葛学派区分开，其中一种将乱世归咎于愤怒，而另一种指望斯多葛主义教他们如何在遭到抢劫、被迫流亡、被掠夺的军队和交战的国家蹂躏时仍能保持冷静。而与之完全相反的是，一些早期现代的情感共同体赞扬愤怒。

“重创”一词很好地描述了尤斯图斯·利普修斯（Justus Lipsius，卒于1606年）的生平，人们通常认为他是第一位新斯多葛主义者。利普修斯被迫逃离他在比利时的家，然后到了德国之后又是如此。当他创作包括关于愤怒的论述在内的塞涅卡作品的评注版著作时，他本可以很简单地利用愤怒与暴力之间的等号关系，但他没有这样做。相反，他调和了斯多葛的平静与基督教的忍耐。他提倡“淡泊超然”，将其定义为“不可动摇的正面思想力量”；这种力量来自他的假设，即世俗的苦难具有神圣的目的。[1]为了了解塞涅卡对待愤怒和暴力的准确方法，我们必须超越利普修斯的视角。

我们在约翰·维耶尔（Johann Weyer，卒于1588年）的著作中找到了塞涅卡的观点，维耶尔是于利希-克莱沃-贝格公爵威廉五世的宫廷医生之一。作为横跨德国北部和荷兰的多地区联合体的统治者，威廉由此恰好处于战争的十字路口，他不得不总是在新教徒占大多数的平民和信奉天主教的西班牙皇帝查理五世之间进行谈判，查理五世的军队有时会占领威廉的领土。维耶尔生活在冲突之中，他看到了与塞涅卡“流血和下毒”情形遥相呼应的场面。事实上，他引用了这些话，就好像它们描述的是他自己那个时代一样。[2]

维耶尔同意塞涅卡的观点，即暴力是人类愤怒的产物。塞涅卡将愤怒视为理性失误，然而维耶尔与之不同，他将愤怒视为一种流行病。治愈流行病的疗法是多方面的，他对此进行了详细介绍。体液——根据当时流行的盖伦的医学理论，它包括决定身体健康的四大元素——必须通过饮食、运动和音乐来保持平衡。与此同时，人们必须通过新的日常活动来控制愤怒。塞涅卡发现在晚上回顾他白天感到愤怒的所有时刻是有用的。为此，维耶尔增加了一次晨审。维耶尔认为，"无论早晚，你都应该问自己，你改正了哪些不好的行为？你抵御了什么恶习？你忍住怒火了吗？关键是要战胜你自己"。[3] 然后，在一天之中，维耶尔假想中的"病人"（总是指男人，当丈夫进行愤怒治疗时，妻子要保持安静）有义务进行多次这样的活动。他必须向自己重复关于愤怒可怕影响的各种有用格言，还必须思考具有教育性的历史实例，当他看到愤怒的迹象时，要责备自己，并要请"私人教练"，也就是自己的好朋友来监督他的行为。

即便如此，维耶尔还是无法想象这位智者能够克制自己的愤怒。与塞涅卡不同，维耶尔要对抗基督教原罪的悠久传统。这个传统使他明白，人性是腐败的，容易堕落。维耶尔认为，即使是我们当中最聪明的人也会生气，这是不可避免的。当这种情况发生时，我们应该立刻跑到镜子前看看自己，没有什么比我们愤怒的面孔更"令人讨厌、丑陋或令人恶心"的了。[4]正如我们所见，斯多葛学派也建议照镜子这种方式。但他们的目的是说服我们拒斥愤怒，而维耶尔的目的是让我们面对自己已经屈从于愤怒的事实。维耶尔也不一定想的是真正的镜子（在16世纪镜子肯定是稀缺商品），但我们可以在心灵中看到自己，不只要观察我们的外表，还要观察我们内在的焦躁不安：我们那不规律的脉搏、狂跳不止的心脏、紧张不安的神经。面对愤怒，我们通过忏悔来克服它。

那时维耶尔借鉴了塞涅卡的说法，但他对人类境况的看法与塞涅卡并不相同。斯多葛学派认为人类是理性的和自足的，而受到维耶尔影响的基督徒相信，只有在上帝恩典允许的范围内，人们才能控制自己的生活。人类的理性本身是脆弱的，塞涅卡认为，少数人有可能完全消除愤怒，而维耶尔认为愤怒充其量只能在持续的过程中被阻止，而且也只能由参与终生持续治疗的人来做这件事。对维耶尔来说，愤怒并不是理性失控的可怕误判，而是一种疾病，一种影响身心的“瘟疫”，且很容易传染给别人，导致战争和暴力过后的一切伤痛和荒芜。

维耶尔真的希望他开出的“药”被人们服用下去吗？这种“药”包括9个练习，其中许多练习是没有限制的，而且可能非常耗时，所有这些活动是一个人在一生中的每一天都要练习的。可能他曾做到了，在他那个时代，因道德实践不停中断一天的时间是司空见惯的事情。天主教贵族阅读时祷书（Books of Hours），将祷告穿插在他们的日常活动中，修士将他们的一天分成几个小时：每天7次涌入教堂吟唱圣歌、做功课和祷告。大约就在维耶尔精心设计他的日常活动的同一时间，依纳爵·罗耀拉（Ignatius Loyola）正在书写他的

《灵修》(*Spiritual Exercises*)修养之道，每天要进行3次自我省察和各种附加活动。

当时最重要的情感哲学家勒内·笛卡尔也有一套受斯多葛学派启发的愤怒管理规划。他的著作《论灵魂的激情》(*On the Passions of the Soul*)提出了关于所有激情的通论。但是因为猛烈的愤怒是其中最糟糕的也是最应该刻意避免的，所以它是笛卡尔观点的一种典型代表。

让我们简要总结一下他的理论。我们可以从那句名言谈起，即“我思故我在”。对笛卡尔来说，唯一确定无疑的真实是自我，是作为思想实在的灵魂。但不像一些阐释者所认为的那样，即在这里笛卡尔将灵魂与身体分开。因为灵魂通过身体思考它“学习到”的东西，身体不断感知和监控内部和外部世界。(这里有一个例外，怀疑是灵魂不依赖身体而产生的一种想法。)

灵魂完全“结合”(用笛卡尔的话来说)到身体的每一部分。大脑中的松果体是灵魂发挥作用的特权场所，是身体和灵魂之间发生相互作用的地点。关于外部世界(颜色、声音、形状)以及身体内部状态(口渴、热、冷、疼痛)的表象从神经进入灵魂。这些是思想的原材料。

有些思想是主动的：当我们听到身后有汽车鸣笛时，耳朵听到的声音会通过神经传达给灵魂。然后(我们灵魂中的主动功能中的)理性和判断会评估这种感知。如果评估结果是鸣笛无关紧要，那么我们的自由意志(另一个主动功能)很可能会将我们的注意力转移到其他事情上，以至于我们几乎不会注意到声音。但是，如果评估结果是鸣笛很重要，是他人针对我们“犯下的恶行”，并且我们希望做出报复的行为，那么我们就会感到愤怒。[5]愤怒是一种“被动”的思想。我们被这样的思想、这样的“激情”所激发，其程度远超其他类型的思想。不像听到喇叭声并知道这是什么，知道这种声音是如何产生的，它是响亮的还是柔和的，它可能会产生什么后果以及它如何与其他思想——所有类型的主动思想——联系起来，愤怒的感觉是“令人困惑和模糊不清的”。[6]但被动思想与主动思想一样具有影响，它也可能引发身体反应。在愤怒的情况下，我们的脸会呈现出独特的痛苦的表情，我们的脸颊会变得苍白或发红，我们的血液会沸腾，我们可能会抬手对身后的司机做出冒犯的手势，等等。

还存在另一种可能性，当我们感到愤怒时，我们的自由意志或理性可以帮助我们重新评估状况，这有可能改变我们的感受和反应。在经过修改的最简单的情况中，理性可以将鸣笛重新修改为一种友好的信号，表示我们的车或驾驶出现了问题。更深刻且重要的是，理性可以将我们各种愤怒的经历纳入其判断，并且认识到即使鸣笛是不合理且非常烦人的，报复行为也会对他人和我们自己造成不良后果。这样的评估将帮助我们克服愤怒。我们越是感到愤怒并能以确定无疑的理由反对它，我们就会变得越有道德。因此，愤怒本身以一种曲折的方式帮助我们克服它，使我们能够以更广阔的视野看待我们的社会生活和周围环境。[7]通过反复体验愤怒造成的暴力、悔恨和伤害，我们学会了不去生气并且变得“宽宏”

（*générosité*）。具备如此能力之后，我们就“对自己有绝对的支配权”，因为我们“很少看重任何可以被夺走的财产”，这其中包括我们的骄傲、我们的社会地位、我们凌驾于他人之上的权力。[8]一旦宽宏取代了愤怒，愤怒将一无所剩。因此出现了一种新的道德情感：“面对别人通常会感到生气的过错，自己不会在意它或至多是义愤。”[9]笛卡尔所说的“宽宏”是一种安宁，但具有讽刺意味的是，这种安宁产生于经历的所有情感中最令人不安的那种。

笛卡尔经历了三十年战争（1618—1648年），他关于激情的著作在战争结束后的一年出版了。尽管他虚构了自己置身事外的形象，但实际上他深深地卷入了政治议题。[10]尽管他没有构造出消除愤怒的9点规划，但从长远来看，笛卡尔与维耶尔所说的事情无异，即我们无法根除愤怒，但通过修炼，我们可以抵御它。感受愤怒，想想它毫无意义，实际上对我们自己和他人有害。然后习惯性地去克服它，以至于几乎感觉不到它。

★

维耶尔、利普修斯和笛卡尔的思想对人们如何“感受”以及带着愤怒在世上生活有影响吗？当然有，当时整个欧洲的学者都热衷于口口声声支持新斯多葛学派的观点，即必须要抑制或克服情感。然而，并没有就重视哪些，又抑制哪些情感达成一致，形成“新斯多葛主义情感共同体”。事实上，存在着好几种"新斯多葛主义"。利普修斯认为愤怒是可以被驯服的；维耶尔希望把愤怒当作疾病来对待，他提出了治疗方法；而笛卡尔则认为愤怒是人们增强道德品质的方式，就像肌肉需要重量和重力才能不萎缩一样。

一些历史学家认为，早期现代国家的统治者将新斯多葛主义纳入他们所采用的正当性辩护中，用来控制包括各种情感在内的社会行为。其他历史学家则在新教教会中看到了新斯多葛主义的作用，（他们声称）中世纪"以情感为导向的虔诚"被终结了，像路德这样的改革者试图"减少某些形式的（情感）表达的强度，完全抑制另外一些形式的表达，并且还要适当地塑造其他被他允许的感觉类型"。[11]根据这些理论，关于愤怒的讨论，就像其他情感一样，在16世纪和17世纪应该会逐渐减少，尤其是在新教地区。

我们从一组宗教证词中看到支持这一假设的一些证据，想加入马萨诸塞州剑桥市的清教教会的男人和女人做了这组证词，当时马萨诸塞州还是英国的殖民地。在托马斯·谢泼德（Thomas Shepard，卒于1649年）的管理下，清教教会（与许多其他这类教会一样）要求礼拜者在加入会众之前进行公开的个人忏悔。这个想法是让每个信徒都提供一份精神自传，以证明他或她适合成为教会成员。1648年至1649年，谢泼德在笔记本中记录了16份这样的口头陈述（男性9份，女性7份）。

在这些证词中，表现为瘟疫、疼痛和各种灾祸的上帝的愤怒被理解为对罪恶的惩罚。正如史蒂文森太太所说，"当主乐于让我相信自己有罪时，就是通过苦难……我（曾）处于上帝的愤怒之中”。对古金女士来说，她担心“主在愤怒中离开我”。然而，人类的愤怒从未被提及。谢泼德的准教徒们反复提到他们的爱、希望和恐惧的感受，他们为自己冷酷无情的心感到遗憾。但他们从不谈论生气的时候。在这里，我们似乎看到了“新斯多葛主义情感学”是如何改变人们的自我认知的。

然而，如果我们把英国及其英语殖民地当作一个整体来考虑，这个结论就没有充分的根据。1430年至1700年，以英文出版的大量书籍样本表明，在17世纪，“anger”（愤怒）和“wrath”（暴怒）这两个词的使用频率显著增加，在1640年至1680年使用频率达到了可识别的峰值。新斯多葛主义时代在当时并没有宣告愤怒的终结。这一事实提出了一个迫在眉睫的新问题：对愤怒的兴趣增加是否与更大的暴力行为相关？在同一时期，对“violence”（暴力）一词的使用几乎同时增加，这表明情况确实如此。[12]

因此，愤怒和暴力似乎是齐头并进的，至少在书面语言方面是这样。它们在历史事实中也在一起吗？峰值时期是否更加充满暴力？答案似乎是肯定的。17世纪40年代，英国国教徒（以国王查理一世为代表，支持宗教等级和宗教仪式）和清教徒（统称，指那些憎恨国家支持的新教形式，并想净化教会的形式要素，以便专注个人敬虔的人）之间的宗教和政治分歧变大。1640年，以清教徒为主的国会形成了。此后不久，国会反抗君主制，建立了自己的军队，并发动内战。

1649年，清教徒处死了国王，并在奥利弗·克伦威尔（Oliver Cromwell）的领导下建立了联邦。1660年，查理二世恢复了君主制。

因此，我们是否可以得出结论，人们将自己那个时代的暴力行为归咎于愤怒？有一些证据指向了这个方向。例如，在国会的一次布道中，埃塞克斯的一位清教徒牧师约翰·沃伦（John Warren，卒于1696年）详细地宣扬着《诗篇》（76:10）中的一段话："人的忿怒要成全你的荣美。人的余怒，你要禁止。""人的忿怒"就是愤怒，他称之为"点燃灵魂的激情"。愤怒的原因首先是"人性的恶毒"，人性充当了可燃物；其次，"撒旦的恶意首先是针对上帝，然后是针对他的子民"，这种恶意点燃并煽动了"坏人心中的炭火"。一方面，沃伦以"火药阴谋"为例，据称这是17世纪早期天主教徒推翻君主制的尝试，沃伦把它当作人对神暴怒的一个绝佳案例。沃伦通过这个例子明确将愤怒与暴力联系起来。另一方面，他看到了愤怒的一些有益用途，"当行为对象因罪责感到激动时，愤怒就是好的。愤怒合适和正当的目标是罪责。上帝的愤怒只针对罪责"。[13]

这样的布道与维耶尔、利普修斯或笛卡尔达到的不同寻常的理论高度相去甚远，可能正因如此，它更接近人们在生活中实际思考愤怒的方式。但是，如果沃伦笼统地谴责愤怒，那么同时期的其他情感共同体就远没有塞内坎人那么多了。回想一下，维耶尔建议他的读者告诉他们的妻子要保持安静，而他们则专注于沉思他们生气的时刻。妻子们对此有何感想？

她们会生气吗？有些男人认为这是很有可能的。国王詹姆士一世的私人医生赫尔基亚·克鲁克（Helkiah Crooke，卒于1648年）写道："我们中的许多人通过悲惨的经历知道，女性比男性更容易发怒，因为女性很容易被激怒，且会因为很不重要的原因。"[14]如果愤怒的性别是女性，而女性应该从属于男性，那么真的有人会不想不惜一切代价避免愤怒吗？谁不想成为新斯多葛主义者呢？

然而碰巧也有人发出反对这一观点的声音。因此，有一位匿名的作者写下了《简·安格尔：女性保护》（*Jane Anger her Protection for Women*），为女性的愤怒辩护。这种猛烈的抨击是作者所说的正在进行的"审判"的一部分——性别对立的虚假诉讼案件，在此期间，女性需要一名辩护人。作者不仅把"Anger"化用为自己的姓氏，还声称"Anger"本身就在书写辩护词，以回应一位无名男性对女性的攻击。"他们的思想经常发疯（咆哮）……还有谁像我们女人一样受到如此虐待、如此诽谤、如此辱骂或如此恶劣的不当对待？"男人利用了女人的弱点和善良的本性，把女人的德性误认为是恶行。当男人指责女人愤怒时，他们实际上是在反对良善的建议；当男人说女人"愤怒"时，他们的意思是女性不会"忍受他们不公的行为"。简言之，"如果我们的皱眉如此可怕，我们的愤怒如此致命，那么男人挑起引发仇恨的机会，这么做就太愚蠢了"。"男人好色、贪吃、诡诈、失控"。那个把他的妻子误认为是十字架的酒鬼是"笨蛋"，但当他的妻子"让他远离醉酒的虚荣（习惯），冒犯他时，他因此陷入了疯狂的情绪中”。[15]在简·安格尔的长篇累牍的指责中，女性的愤怒是明智的，而男性的愤怒是轻率的。但所有人都会愤怒，应该也不会有人希望没有愤怒。正如格温·肯尼迪（Gwynne Kennedy）所说：“安格尔认为愤怒的女性有权谩骂，而不应被贴上泼妇或爱训斥人的标签。”[16]肯尼迪指出，大约在同一时期，有一些作家支持安格尔的观点。在新斯多葛主义时代，反愤怒的立场占主导地位，但也并没有压倒一切。

★

今天，新斯多葛主义几乎不再是主流规范。然而，有一些愤怒管理疗法与它遥相呼应。几乎所有临床医生都认为有些愤怒是正常且有益的。所有的新斯多葛学派也是如此，他们虽然没有从现代概念“常态”这方面思考，但承认愤怒有一些好的用处。

利普修斯认为愤怒增强了勇气，维耶尔称赞针对犯罪和原罪的愤怒，笛卡尔同意这两位的观点。所有人都想清除“过度”的愤怒，这也正是如今许多愤怒管理疗法希望做的事情。例如，愤怒管理治疗师霍华德·卡西洛（Howard Kassinove）和雷蒙德·塔弗雷特（Raymond Tafrate）表示，他们依靠“客观判断”来确定某人的愤怒是否“发作频率过高，持续时间过长，与引发愤怒的事件或个人失衡”。[17]在实践中，决定是由客户自己、一位家庭成员或同事、学校或刑事司法机构，甚至由治疗师作出的，治疗师可能会使用各种标准化测试来评估疾病的全部参数。

卡西洛和塔弗雷特的"认知行为疗法"与斯多葛以及新斯多葛主义的模式有一些共同点。两位治疗师假设了愤怒的双重"路径"，对应着塞涅卡的两次促动。第一条路径"无意识且不可改变"，第二条路径"依赖更高层次的认知过程"。但相互呼应的部分就此结束了，因为虽然塞涅卡认为没有办法改变对"初动"的反应，无论如何初动都不是真正的愤怒，但卡西洛和塔弗雷特认为这种"反射"反应可以通过训练来改变。像笛卡尔一样，他们看到了反复遭受不良情绪的价值。他们要求自己的客户针对"触发愤怒的典型因素"排练做出不愤怒的反应。例如，患者和治疗师可能会一起表演或想象按喇叭的情节。然后，进入"第二次促动"阶段，治疗师会建议以更具适应性的新方式来思考这件事，比如从更大的视角看待交通状况。[18]

当强调不同的人需要不同的干预计划时，卡西洛和塔弗雷特讨论了安东尼的案例（参见本书第一章），这个案例为他们的总体策略提供了一个很好的例子。像利普修斯、维耶尔以及笛卡尔一样，卡西洛和塔弗雷特认为他们自己提出了通往更伟大的终生安宁的途径。他们希望自己的方法成为人们的生活习惯。首先，他们会要求安东尼详细回顾自己愤怒的事件，看看是什么触发了这些事件，并认识到这些事件产生的负面结果。就像塞涅卡和维耶尔日常回顾的传统那样，他们会要求安东尼记录下自己愤怒的事件。

他们的治疗继续"改变策略"。他们像维耶尔一样提出了逃避愤怒诱因的方法，他们像笛卡尔一样依赖于遭受愤怒。例如，他们会教安东尼如何通过每天练习渐进式肌肉放松（Progressive Muscle Relaxation，PMR）来处理自己的愤怒，他们会使用诱发愤怒的嘲讽言语来教他“保持冷静”。[19]他们会创建“认知应对陈述”，非常像维耶尔喜欢的格言。

卡西洛和塔弗雷特的“新斯多葛式”愤怒管理疗法并不希望消除人类心理中的所有愤怒，只是希望对需要帮助的人来说“愤怒不再是问题”。尽管他们也同样专注于化解愤怒，但佛教要么全有，要么全无的“舍弃于忿怒”或塞涅卡的“抵御愤怒”并不是他们学说的简写形式。

★

与17世纪的新斯多葛学派以及现代愤怒管理治疗师不同，当代哲学家玛莎·C.努斯鲍姆（Martha C. Nussbaum）希望复兴塞涅卡更为绝对的态度，作为评论家兼翻译家，努斯鲍姆与塞涅卡的作品密切相关。[20]与维耶尔一样，努斯鲍姆担心她那个时代的暴力问题。她以小马丁·路德·金（Martin Luther King Jr）和纳尔逊·曼德拉（Nelson Mandela）为榜样，她的著作的最后一句话是“给和平一个机会”。她将自己定位为反对当前公共生活中愤怒情绪高涨的有力代言人。努斯鲍姆接受了愤怒与暴力的普遍联系，通过报复的想法是荒谬的这一主张，她拓展了斯多葛主义的批评。去伤害造成危害的作恶者并不能，而且永远也不能纠正错误。努斯鲍姆所说的报复（payback）基于一种神奇的想法，这种想法假定了不存在的“宇宙平衡”，这种平衡会造成比原先的伤害更糟糕的后果。

努斯鲍姆承认愤怒可能有一些微小的用处。但即使在这极少数情况中，她也要求我们将愤怒转化为更有成效的情感。她谈到以大写字母T开头的情感转换（Transition）。正当的转换绝不是“宽恕”。在宽恕无情的“交易记录”中，它贬低了它声称要宽恕的人，因此宽恕本身就是一种报复。

努斯鲍姆将生活领域分为三个“人际领域”，着眼于我们愤怒的环境以及它们所需的各种转换。她的第一个领域是亲密领域，即亲人之间的关系。[21]让我试着将她的解决方案应用到我自己的家庭中。我的父母不应该陷入努斯鲍姆所说的“愤怒的陷阱”，而应该停止吵架，认识到他们彼此的失败，并采取“有远见的建设性行动”。[22]我的母亲讨厌做家务，而我的父亲薪水微薄。做出转换的话，我母亲的愤怒本应转化为她找工作时所需的自信，我父亲的愤怒本应转化为对我母亲困境的同情，以及一种新的男子气概观念，让他的妻子能够工作。他们的生活被困在20世纪50年代的情感学中，这个认识对努斯鲍姆来说意义不大。她不像我那样从情感共同体的角度来思考，认为情感共同体的价值观和实践与一个群体更宏大的生活方式是一体的。努斯鲍姆认为我们是自己的主人，希望我们明白个人的愤怒是无用的，并要求我们进行必要的转换。

努斯鲍姆所说的中间领域最接近塞涅卡的世界。这个领域包括我们与泛泛之交、销售人员的对抗，与报复心强的雇主、无道德原则的医生的对抗，与强盗、强奸犯和杀人犯的对抗。在这个领域，她发现斯多葛学派在很大程度上是正确的，大多数此类遭遇都不值得我们愤怒。但在涉及我们健康和安全的一些情况下，我们需要愤怒。如果塞涅卡笔下的明智的女人遇到了一个正在按喇叭的司机，即使这个女人的情感已经处于初动阶段，她的理性也不会赞成初动。但努斯鲍姆笔下的明智的女人会向"经过小心限制的转换性愤怒"让步。她会宣称这样按喇叭是"令人发指的"，如果鸣笛危及她（可能会导致事故），那么她会报警。

最后，努斯鲍姆转向政治领域。（至少在理想情况下）努斯鲍姆的法律体系相当于塞涅卡的智者。她承认，如今的司法机构常常把罪行视为必须得到报复的侮辱。她希望法律做出自己的转换，惩罚犯罪不是出于报复，而是像塞涅卡所说的那样，是出于理性和同情。[23]在这种情况下，遭受烦人的喇叭声和随之而来的交通事故的明智女人会打电话给警察，去医院做检查，然后继续她的生活。努斯鲍姆认为美狄亚的复仇不仅邪恶而且愚蠢，复仇没有帮助她"摆脱没有配偶、爱情、对话、金钱和孩子的实际困境"。[24]她应该为她的损失哀悼并且继续生活。

在所有的三个领域中，努斯鲍姆都要求有慷慨的精神，这种精神接近"基督教、印度教、非洲传统宗教以及整个佛教的重要分支或反分支"，换句话说，她要求我们加入（几乎）完全拒斥愤怒的情感共同体。

★

古老的斯多葛主义学说在早期现代卷土重来。当激烈的战争席卷欧洲时，男人和女人面对着愤怒复仇的蹂躏——至少他们是这么想象的。他们的解决方案并不完全是塞涅卡式的，他们没有避免愤怒，而是希望抑制愤怒，甚至可能将其转化为道德思想和行动的盟友。愤怒和暴力必须并存吗？也许不是的，减轻愤怒的剧烈程度是新斯多葛主义的目标。这种对愤怒的批评渗透到新教的宗教思想中，并在几个世纪后以自己的方式融入现代愤怒管理疗法和努斯鲍姆的许多转换中。与此同时，愤怒和暴力的性别化使这两者落入女性的性别范围，这种性别化被新的女性主义文学反击，像塞涅卡一样，这种文学将正义所激发出的严肃区别于暴怒所产生的疯狂。

第四章

和平王国

努斯鲍姆的新斯多葛主义毫无疑问地将暴力与愤怒联系在一起，因为愤怒引起的报复正是努斯鲍姆要求我们去超越的冲动。在她看来，愤怒的解药是和平。如今暴力与愤怒之间的联系在许多人的脑海中已经根深蒂固且习以为常，但这并不能很好地代表实际情况。即使是努斯鲍姆的“和平”也包含国家的暴力或潜在的暴力，即警察机关和司法机构（她希望是人道地）应用法律。从另一个角度来看这个问题，法律人类学家讨论“长期斗争中的和平”，他们认为，正是因为存在暴力威胁才能维持和平。但那种和平并不一定没有愤怒。

愤怒、暴力与和平都是被构建的、存在争议的名词。我们已经探索了三个章节的愤怒，但我们仍然不知道愤怒是什么或它曾是什么。暴力也成疑。通常我们会想到身体暴力，但还有其他类型的暴力：脸书上霸凌的精神暴力、朋友变成敌人的伤人话语、贫困的系统性暴力、国家的威胁暴力。而和平是所有这些词语中最不能确定以及最为相对的。如果家人之间不说话，那么他们之间还“和平”吗？美国在阿富汗的行动是处于和平状态还是处于战争状态？被定罪的凶手在死囚牢房等待行刑时，灵魂是否和平？

我们必须更仔细地审视那些似乎将愤怒和暴力捆绑在一起的锁链，以及它们的镜像——缺乏愤怒与和平。我们可以从一个显而易见的部分开始，那就是“和平王国”的原型——天堂。正如圣奥古斯丁所说，天堂的确就是和平。这是否意味着天堂里不存在愤怒、暴力？并不见得。一些对天堂的描述无意中揭示了愤怒的存在。

有一个例子是7世纪的修道士巴伦图斯（Barontus）看到的幻象，他在天堂看到了愤怒的圣彼得。正如巴伦图斯所叙述的那样，他以为自己快死了，躺在床上。恶魔们来抓他的灵魂下地狱，但被天使拉斐尔勉强阻止。拉斐尔将他的灵魂带上天堂，而恶魔们尾随其后。恶魔们向圣彼得陈述了他的事情，讲述了巴伦图斯犯下的许多罪过。圣彼得提出巴伦图斯还有许多修道士的美德，可以平衡这些罪恶，但恶魔们很坚持。最后圣彼得大怒，叫恶魔们离开。当恶魔们拒绝这一要求时，圣彼得试图用钥匙打他们（有关类似叙述的11世纪图画见插图3）。[1]但丁的天堂中也描绘了一位愤怒的圣彼得，他脸色通红，对篡夺其地位的教皇感到愤怒，用“披着牧羊人外衣的贪心豺狼”称呼这些教皇。[2]

因此，天堂的和平可能同时包含愤怒和暴力。但这些不是实现世界和平的障碍，障碍是人类有罪。这就是圣奥古斯丁的观点。如果有更好的人，世界会是什么样子？想象天堂是富有想象力的解决方案，乌托邦的幻想也是如此。然而，这些解决方案的作者很少提及本章所说的任何词汇。

追求天堂之外的“和平王国”似乎是19世纪晚期的产物。它是在人类学学科创立之后出现的，人类学提出通过先观察“更简单”和“更原始”的文化来研究西方社会的规律，就好像这些文化代表着科学实验室的理想环境。对和平文化“秘密”的探索始于20世纪初，但在“二战”后变得更流行，当时美国出台的《退伍军人权利法案》（G. I. Bill）使退伍军人有可能接受大学教育，大学里第一次挤满了不属于美国精英阶层的学生。

20世纪50年代中期，随着苏联人造卫星的发射，美国各地又掀起了培养人才的热潮。人才培养中的一些学生是新锐精英，他们成了人类学家，通过研究其他文化来寻找自身身份和社会的答案。直到20世纪70年代，他们认为自己找到了战争与和平的关键，即觅食社会（foraging societies）是“人人平等的，通常是和平的”，而狩猎文化是“父权制的，（以及）通常是好战的”。[3]

这些总结并没有把愤怒考虑进去。愤怒这个变量最早是在罗伯特·诺克斯·登坦（Robert Knox Dentan）的著作中被提出的，他将自己对愤怒的观察归因于他所研究的马来半岛上的闪迈人（Semai）的自我洞察。闪迈人告诉登坦，“我们不愤怒”，以及“我们不攻击别人”。他们将这两种说法联系在一起，就好像愤怒是打人的唯一原因，而缺乏愤怒是他们非暴力与和平的原因。[4]事实上，这似乎是普遍现象。

闪迈人对暴力了如指掌。从18世纪开始直到20世纪50年代，逐渐控制马来半岛的英国殖民政府教唆非土著马来人残忍对待、绑架和奴役闪迈人，闪迈人学会了用游击战保卫自己，最重要的是，他们可以悄悄溜走。他们逃到山上，而山上的土地几乎一文不值，所以敌人的追捕也就相对是徒劳的。闪迈人详细阐述了他们的世界观和生活方式，正是因为他们避免生气，所以使暴力变得没有实际意义。

闪迈人的生活方式如何避免愤怒和暴力的发生？闪迈人尽量不拒绝对食物、性以及其他令人向往的事物的要求。他们不会做出无法兑现的承诺。他们保持协作，但避免干涉他人，尊重他人的自主权。他们是平等主义者并且喜欢分享。如果一种美味的食物只是季节性的，那么他们就等到当季再分配。人们收到水果时不会说"谢谢"，因为这是他们应得的。

在这种非凡的友爱、极端的慷慨背后是一种确定性，认为如果人们的愿望得不到满足，就可能会导致可怕的危害、伤害，甚至死亡。

在闪迈人的传统中，愤怒并不会达成伤害，而是神会加深危害的这种确定性会达成伤害。用一个现代西方愤怒场景的例子来说：在闪迈的文化中，当我们后面的司机按喇叭时，我们不会生气。如果生气的话，神会让我们撞车，而按喇叭的司机要负责任，他必须支付罚款或以某种方式弥补损失，他也会遇到一些灾难。当然，闪迈的文化中不存在汽车，所以这个例子很荒谬。一个更合适的例子是，如果有人夺走了某个闪迈人的一些时令水果，那么这个闪迈人可能会死去，而那些没有给这个人分享果实的人将承担责任，受到惩罚，并且遭受无法预料的灾难。

闪迈的神是爱的对立面，它是丑陋的、残酷的、任性的，以毁灭为乐。闪迈人在毁灭他们山丘和山谷的严重雷暴中看到了神。电闪雷鸣，大雨倾盆而下，母亲们借此机会教她们的孩子应有的反应："恐惧、害怕！"

考虑到宇宙中潜藏的以及可能给每一个没有得到满足的愿望和破灭的期望造成灾难的危险，人们试图抑制他们的激情。他们不直接要求任何事物，他们不清楚预期的义务，隐藏自己的欲望。他们很少表现出任何情感。"情感爆发这种情况几乎从不发生，丈夫和妻子很少吵架，邻居不争执，孩子们也很少打架……人们抑制哀悼的情感，甚至也抑制大笑"。[5]

所以闪迈人似乎将愤怒、暴力与和平联系在一起。通过不表现出愤怒——实际上没有出现愤怒也不存在愤怒的时刻——人们表现出他们的非暴力与和平。但这还不是闪迈人关于愤怒的全部文化。对于闪迈人来说，有一个词是表示愤怒的，即"*lesnees*"。有些时候他们会生气，对于孩子和失恋的人来说尤其如此。此外，有时他们也会吵架，而且会有不那么正式但众所周知的争端解决机制。族群的首领可能会充当调解人，尽管吵架的人最终可以自由地无视他的决定。闪迈人可以召开居民会议，在会上，吵架的人和支持他们的亲属表明自己的立场——然而人们并不表达"愤怒或其他情感"，在场的每个人都有自己的发言权。这种会议可能会持续几天的时间。然后，首领“表达族群的共识”。[6]“错误”的一方支付罚款，但之后罚款会被当作礼物全部或部分返还给支付方。在这之后，双方重新融入共同体。这种情况并不常见，但通常也会发生几次。此外，闪迈人也可以杀人，但不会出于愤怒这么做，当被征召进马来军队时，他们杀人如麻。[7]如果我们认为杀人是一种暴力形式，那么闪迈人有时会在没有愤怒且不失去自己维持和平的各种社会策略的情况下使用暴力。因此，闪迈人通常是和平的，不会愤怒，但也并非总是如此。他们可以在认为自己没有生气的情况下杀人，这一事实应当会让我们想起杀死船上强盗的佛陀或船长。愤怒不是暴力的唯一原因（或借口）。

总是维持和平的其他社会是怎样的情况呢？（我不考虑这样一种可能存在的论点，即认为我们的社会通常也是和平的，如果我们这么说的意思是我们往往更善于交际和合作，那么我认为这个论点是正确的。）让·布里格斯（Jean Briggs）将自己对因纽特人的Utkuhikhalik共同体（以下简称Utku）的研究称为“绝不生气”（Never in Anger），[8]其中记录了一个像闪迈人一样很少生气的民族。Utku人认为愤怒是一种幼稚的情感，通常都太过了。他们认为愤怒是一种不幸，他们生活在对愤怒的恐惧之中，避免可能引发愤怒的情况。事实上，他们表达愤怒的词语之一是“*urulu*”，它的字面意思是“不苟言笑”。成人教导孩子要否认自己感受到“*urulu*”，人们把别人称为“*urulujuq*”，来表达对别人脾气暴躁的不满。由此的结果是幸福受到了族群的高度重视。Utku人微笑、大笑、开玩笑以及傻笑，他们的幽默表明他们并不生气。大笑通常是Utku人面对愤怒和道德谴责的方式，他们通过发现恼人事物中的乐趣来否认愤怒和道德谴责。开玩笑标志着快乐而不是愤怒，经常开玩笑的人并不可怕。

而在另一层面，与闪迈人一样，Utku人谴责过分的大笑。他们认为，情感应该在理性的控制之下。随着孩子成长，孩子能学会克制自己的情感表现，他们变得害羞和温顺。成年人对婴儿无限疼爱，但对大孩子和别人，他们则避免过度的爱，他们说，过度的爱会给爱人及被爱的人都带来痛苦，爱人的人离开被爱之人感到孤独，而被爱之人则感到困扰。

Utku人和闪迈人一样，有非正式的社交活动，旨在消除愤怒。如果他们想要什么，他们通常会含蓄地暗示，而不是直接索要，以免发生冲突。同样，如果他们有别人想要的东西，他们通常会主动提供给对方。他们时刻保持警惕，不会拒绝别人的请求。

同样像闪迈人一样，Utku人将愤怒与暴力联系起来。他们有句谚语："如果一个从不发脾气的人真的生气了，那么这个人就会杀人。"在布里格斯看来，人们似乎特别谨慎，不去惹恼村里那个似乎在努力控制自己"强烈内在"的人。[9]"但在一定程度上，正是这个人行为的非典型性使我有可能从他那里学到行为的正确的模式"。[10]这些模式包括表现出温柔的样子以及对他人提出最温和的要求。然而，这并不意味着Utku人从不使用暴力。他们会打狗，把打狗称为"纪律处分"。虽然他们对自己的亲属很和善，但对其他人却表现出怨恨，尽管他们把这种怨恨"微妙地表达出来，并且经常强烈否认这种情感"。他们在不喜欢的人背后散布怀有恶意的八卦。[11]

人类学家经常引用闪迈人和Utku人的例子，把他们当作去除愤怒的共同体的典范，但这些人并不是唯一践行"舍弃于忿怒"的群体。例如，有历史记录显示新几内亚的法雷人（Fore）就有非常相似的实践。就像闪迈人和Utku人一样，法雷人共享"食物、感情、工作、信任和快乐"。在保罗·艾克曼（Paul Ekman）著名的实验中，当法雷人看到展现西方人面部表情的照片时，他们经常会"误解"自己所看到的表情，将本应传达悲伤和恐惧的面部表情识别为愤怒。人类学家E.理查德·索伦森（E. Richard Sorenson）观察且批评了艾克曼的实验，他评论说："愤怒即使在发作的初期也是一件严重的事情，人们需要对此加以预防。"因为它威胁到了群体合作，这种合作对法雷人的生活方式来说至关重要。在研究法雷人的孩子时，索伦森提到了父母尊重孩子及孩子需求的方式，这样孩子们就不会感到沮丧，也没有理由心生怨恨。因此，"愤怒、争吵和打架并没有成为法雷人生活中的常态"。如果他们表达了愤怒，这种愤怒就是非常短暂的。如果一个法雷人"打扰"了另一个法雷人，这件事就会被当成趣事，双方一笑了之；如果法雷人的家庭受到邻居的困扰，这个家庭就会搬到别处去。[12]然而，就在索伦森写作时，他注意到法雷人正在进行突袭和残忍的报复，并且观察到澳大利亚政府的武装力量不得不介入以维持秩序。

"我们不生气"。为什么不生气？因为闪迈人、Utku人和法雷人拥有减轻愤怒影响的社会习俗，他们有求必应，不过分索取，爱笑且不打人。闪迈人告诉他们的孩子要感到害怕，Utku人告诉自己的孩子要开朗，法雷人避免让孩子沮丧。这些社会通常是和平的，但即便如此，这些社会也有表达愤怒的语言，知道人们偶尔会愤怒，有时人们甚至在不愤怒的时候也会表现得很暴力。我们从人类学的“和平王国”（当然，这些社会根本不是王国）中可以借鉴的部分是，佛陀的“舍弃于忿怒”和塞涅卡的“避免愤怒”总体上是可能达到的，因为某些共同体践行信任和分享。因此，我们没有充分的理由说只有非西方社会才能终结愤怒的统治。事实上，在斯特恩斯夫妇所著的关于愤怒情感学的开创性著作中，得出的结论是，“抑制愤怒这一目标……构成了美国人理想人格的重要组成部分”。[13]

★

但愤怒的缺席不会使暴力终结。这一点也许不是通过放眼各种“和平王国”而是通过看那些真正的反乌托邦得到清楚说明的。请想一想奥斯维辛集中营那里的例子，1944年，年轻的意大利化学家普里莫·莱维（Primo Levi）被送往纳粹集中营。目前的跨学科达成的共识是，愤怒是由挫折、威胁、侮辱、不公正感以及一般意义上的“目标受阻”所引发的。[14]奥斯维辛集中营里存在所有这些诱因，而且情况还更糟，但囚犯却很少表现出愤怒。至少这是莱维对自己经历的描述。

他显然是通过自己所属的情感共同体，即意大利犹太知识分子共同体所提供的视角来理解奥斯维辛集中营的。从这个意义上说，莱维笔下的奥斯维辛集中营是他个人的“异象”。然而，这种反对意见适用于任何学说，在承认这一意见的重要性之后，尽管如此，让我们仍然使用莱维的报告来探究奥斯维辛集中营里的愤怒、情感和暴力的地位。

虽然我们可以说闪迈共同体和Utku共同体，但我们不能说奥斯维辛集中营共同体。因为奥斯维辛集中营里的囚犯在不断变化，并且外部的人决定了囚犯的居住环境和工作模式。然而，就像闪迈人和Utku人一样，奥斯维辛集中营里的人显然很少感受到愤怒，也很少表达出愤怒。在这个孤寂的地狱里——囚犯们起初就因语言不通而被分隔，每天都有人死去，同时又有新人到来。近40个不同的集中营中关押着待遇不一的不同群体（犹太男子在另外一些集中营中，政治犯在其他集中营中，而妇女被安置在附近的比克瑙）。在那里，剥削和艰辛的严重程度是令人难以想象的——人之为人的真正根基已经不复存在了。人们感到麻木和痛苦。“除了身体里的饥饿和周身的寒冷与雨水之外，一切皆虚无”。[15]

这一定有助于我们解释为什么奥斯维辛集中营里很少出现愤怒的火花，即便囚犯们没有闪迈人和Utku人消除愤怒的所有机制。想想那里，没有什么是比拒绝请求更常见的了。每个囚犯都极力囤积面包、勺子、碗、薄衬衫和木鞋。偷窃成风，每个人都必须提防自己的邻居。存在一些分享的情况，但仅发生在一个朋友和另一个朋友（通常是同胞）之间。而对于其他人来说，莱维也和其他人一样，他们不会也不能理会别人呼唤食物或要求取暖的声音。当战争结束时，德国人逃离了集中营，厨房里再也没有食物了，莱维和他所在的小医院里的几个人（他当时患有猩红热）设法从党卫军的宿舍里搜集到了一些供给品。隔壁房间里的痢疾患者哭着要些食物，莱维也曾端过去一些汤，但之后他们不停地请求。“我无法带给他们任何帮助。我几乎要流泪了，我甚至想咒骂他们”。[16]在这里，我们看到了莱维的一丝愤怒——因为他无法实现自己慷慨的理想，而隔壁病房的人让他想起了这个事实，他感到不悦。

奥斯维辛集中营与平等的社会完全不同，它在等级制度中茁壮成长，党卫军处于最高层，其次是狱卒，而享有各种特权的囚犯则压迫其他囚犯。“所有人都是我们的敌人或对手”。[17]当莱维刚来到集中营时，他的工作是将重物从铁路搬运到仓库。其中两名囚犯有十分令人羡慕的工作，他们负责管理其他人，而且为了维持这种管理的特权，他们以极快的速度工作。“这让我充满了愤怒，尽管我已经知道有特权的人压迫无特权的人是正常的事情”。[18]这里再次出现了愤怒的情绪，因为囚犯应该同情被监禁的人，而不是支持监禁者。但需要注意的是，这种罕见的微光只出现在莱维刚开始被关押的时候。

即使是那些掌握权力的人似乎也不会经常感到或表达愤怒。当莱维第一次遭到德国卫兵的殴打时，他问自己（也问读者）：“怎么可能在没有愤怒的情况下去殴打另一个人呢？”[19]当一名党卫军军官进入莱维所在医院的集中营，决定当晚谁会死去，而谁将生还时，无论是军官还是被判死刑的人都没有表露出任何情感，“屠杀每天都以这种不引人注意和安静的方式在医院的病房里进行着，没有情感的显露，没有愤怒，触及其中的一个人或另外一个人”。[20]当狱中的囚犯被利用去看守其他囚犯时，其中有一些人“出于纯粹的兽性和暴力殴打我们，但其他看守的囚犯近乎爱护地殴打我们……就像马车夫对待顺从的马匹那样”。[21]

奥斯维辛集中营中几乎没有任何情绪。对于囚犯来说，有时他们会感到恐惧，但在更多时候他们根本感觉不到任何情绪，以一种“迟钝的麻木状态”敷衍度日。[22]在人类学家研究的和平社会中，笑声可以化解和对抗愤怒，这在奥斯维辛集中营则是不可能的。感情缺失，或者至少是不能或不愿识别和表达感觉，这本身就是情感生活的一部分。这似乎是集中营另一个可怕的方面。

尽管如此，在奥斯维辛集中营，所有人随时随地都在表达和感受一种情绪，那就是仇恨，尽管这种情绪有时会因惯例和全然亲熟而变得迟钝。囚犯们在集中营的中心建造了一座塔，“它的砖石……由仇恨和纷争所巩固，就像巴别塔那样……我们讨厌它，因为囚禁我们的人疯狂地梦想着伟大，他们蔑视上帝和人类，蔑视我们”。[23]囚禁者也充满仇恨。最令人仇恨且充满仇恨的是“犹太杰出人士”。这些犹太人被授予凌驾于其他犹太人之上的权力，是“反社会和麻木不仁的怪物”。他们“仇恨压迫者的能力没有得到满足，因此这种能力将不合理地蔓延到被压迫者身上”。[24]至于德国人，起初，他们似乎并不出于仇恨本身做事，而是对自己说，“在我（这里指莱维自己）面前的东西属于一个显然应该被镇压的物种”。就像我们中的许多人对待蟑螂一样，毫无怨恨地将其捏死。[25]但随着战争的结束，莱维观察到：“德国平民就像从长期统治的美梦中惊醒的安全感十足的人一样，感到愤怒不已，看到自己的毁灭却无法理解这种毁灭。”德国人生活在绝对权力的泡沫中，无法理解他们不光彩的新处境。总的来说，德国人“在危险时刻感受到了血缘和土地的纽带。这个全新的事实将仇恨和不理解之间的缠结还原为它们的基本因素”。[26]

将莱维的奥斯维辛集中营与瓦尔拉姆·沙拉莫夫（Varlam Shalamov，卒于1982年）在其稍微有些虚构的作品《科雷马故事》（*Kolyma Stories*）中记载的古拉格集中营进行比较，是很有启发意义的。[27]在这里我们再次面对仅为个人经历和观察的情况，在这个例子中，一名牧师的儿子因社会出身和政治信仰而遭到追捕。在1937年，沙拉莫夫被判决前往科雷马劳改营。在短暂的休息之后，他又被送回监狱，直到1951年，他才最终获释。科雷马劳改营位于北极地区，被用于开采黄金和其他金属，不像奥斯维辛集中营那样是一个灭绝营。尽管如此，仍有成千上万（甚至可能更多）的囚犯死于营养不良、寒冷、疾病和无休止的苦役。

沙拉莫夫于1961年写下“我在劳改营中看到和理解的事情”，在其中的一个残篇列表中，沙拉莫夫报告说：“我意识到一个人保持最久的感觉是愤怒。一个饥饿的人身上的肉只够用来发怒，而其他的一切他都漠不关心。”接着是两个相互矛盾的观察：“我意识到一个人可以以愤怒为生……我意识到一个人可以以冷漠为生。”在关于一名名叫安德烈耶夫的囚犯的故事中，沙拉莫夫提及了一个例子，说明了两人是如何一起工作的。他是冷漠的，在金矿中被迫劳动了18个月后，他既失去了恐惧，也失去了对生活的热爱。只有愤怒依然存在，“他的灵魂中除了愤怒别无他物”。[28]

然而，在科雷马劳改营发生的暴力事件很少是由愤怒驱使的。的确，当监工喊一名囚犯的名字，而囚犯没有应答时，监工会“愤怒地将囚犯‘案卷’的薄薄的黄色文件扔在囚犯的身上，然后用脚踩碎这个文件”。但严重的暴力来自“对权力的激情，能够随意杀人”。这是每个高层的特权——（劳改营）负责人和他的下属管理者，警卫长和他的武装警卫队等。然而尽管这些军官粗鲁无礼，但他们中的大多数人并没有杀人。惯常杀人的是囚犯中的黑帮，这些囚犯会做出拉拢、贿赂、恐吓、出头的恶行并获得特权。这些人相当于奥斯维辛集中营中的“犹太杰出人士”。在妇女劳改营中，医生希特塞尔“被她自己的护士、囚犯克罗什卡用斧头砍死了”。在一个男子劳改营中，一名名叫加尔库诺夫的倒霉囚犯被一名帮派成员刺死，因为他拒绝交出他心爱的羊毛衫。沙拉莫夫总结道：“集中营中的盗贼们所犯下的恶行不计其数。”[29]

冷漠，完全没有任何情感是常态。人们完全没有任何感觉，有的只是麻木，“精神迟缓”，以及“缺乏同情心的冷漠”。的确，寒冷无处不在。囚犯被迫整天穿着薄外套和胶鞋（不穿袜子）在户外劳动，囚犯的脚趾变得“失去知觉且僵硬”，到了晚上，“他们的头发在枕头上结冰”。沙拉莫夫写道，北极无情的冬天使他们的脑细胞“枯竭”，并使他们的灵魂“畏缩”。这些人再也无法品尝食物了，此刻吃东西只意味着从温暖（但永远不会被填饱）的胃中暂时忘却这一切。现实是从起床到下令停止工作之间的每一分钟、每一小时、每一天。当一个名叫杜盖耶夫的囚犯无法完成他的工作任务而被带去处决时，他唯一的想法就是后悔自己“浪费了时间工作并且那一整天都在受苦”。[30]

友谊不可能出现在这里，“饥饿、寒冷和失眠的人之间不可能建立友谊”。劳改营里所有人的唯一共同点就是“不信任、愤怒和谎言”。互相偷窃是人们在北极的主要“美德”。当一个人从家里拿到补给时，他所在的劳改营中的其他人会把他打倒在地并偷走所有东西。当这个可怜的家伙醒来时，每个人都带着“恶毒的愉悦”的目光看着他。[31]

诚然，在冷漠和残忍之中也闪现出体面的光辉。一位木匠让对木工一窍不通的两个人假装木匠手工制作的斧柄是他们自己做的，这样这两个人这几天就可以在店里的火旁取暖。有一些囚犯会分享他们的香烟，或者至少把他们的烟蒂分享出去。一位医生对病人说了一句客气话。毋庸置疑，这些都不是规范性的行为，也不是“和平王国”的基础。[32]

在奥斯维辛和科雷马发生了大量暴力事件，当然沙拉莫夫也报告了很多愤怒的案例，但在这两个地方，愤怒很少成为暴力的原因。这一点很重要，因为在现代西方人的思想中，愤怒、暴力和侵犯总是联系在一起，近乎形成了“膝跳反应”。这种联系有利于解释《纽约时报》（*New York Times*）一篇文章的标题，一篇关于意大利的非洲移民遇袭后的文章，其标题为《随着反移民愤怒的升温，意大利民粹主义者使态势升级》。[33]将反移民暴力归因于愤怒，这是一个基本上没有争议的假设的逻辑结果。为什么不将反移民暴力归因于恐惧、厌恶、仇恨，或者归因于种族主义的纯粹意识形态？

当然，我们一直在研究的反乌托邦中，许多暴力行为并不源自愤怒。首先存在等级不平等的事实。无论是出于男子气概、掌控力还是意识形态，“上位”者所处的权力位置需要（至少在他们的文化中）使用大量的暴力。此外，奥斯维辛集中营中还存在对犹太人的仇恨，这是一种文化产物，多年来一直处于半休眠状态，只有得到当权的情感共同体的鼓励，这种仇恨才会复苏。

愤怒和暴力对许多人来说都很有吸引力，而和平也是如此。但这些要素之间的联系是存在疑问的。我们对所有这些术语的定义都是变化的和不一致的，不同的情感共同体以各种方式将这些要素组合在一起。天堂中的和平，这样的异象可能包含了愤怒和暴力的圣彼得，而像奥斯维辛和科雷马这样的人间地狱可能是彻底暴力的，但这种暴力很少出于愤怒。和平不是愤怒的对立面，暴力也不一定是愤怒的结果。但是，为什么愤怒经常与暴力联系在一起呢？这或许是因为人们通常认为愤怒是一种非理性的力量，一旦把它释放出来就无法控制它，且它具有破坏性。愤怒的姿势、态度和言语的背后隐藏着混乱的威胁。

第五章

愤怒的话语

有一种形式的暴力是言语上的，这种形式也常常涉及愤怒。以言行事，有时它会伤人。哲学家约翰·L.奥斯汀（John L. Austin）创造了“施为句”（performative）这个词，用来描述那些不只是描述而且可以转换的语句。“我宣布你们成为夫妻（或者今天可以说配偶）”。这句话在合适的场合由合适的人说出，将两个单独的人转换成新的形式，即一对已婚伴侣。

表达情绪的词语是有表现力的，在愤怒的情况下确实如此。当我们大声说“我生气了”，或者当我们的语气听起来很生气的时候，我们就是在表演我们的愤怒，就像在演戏一样。而且正如在戏剧中一样，戏剧中的其他角色也会对此做出反应。他们会改变，变得生气，充满歉意，感觉受伤或者困惑。此外，当我们说出愤怒的话语时（这可能只适用于情感词汇），我们自己也会发生变化。宣布两人结婚的司仪不会随着说出这些话而发生改变。但威廉·M.雷迪（William M. Reddy）认为，情感词汇总会改变它们的对象和说话的人。他将情绪化的话语称为“情感表达”，以强调其影响的两个不同方向：它们不仅对他人起作用，而且对使用者本人也起作用。[1]也许说出“我很生气”或以某种方式把它表现出来，这些会强化我们的感受，也许会让我们更好地思考这些感受，也许会改变或增强我们最初的情绪感受。

愤怒的话语尤其伤人。我们在圣经中读到，“毒舌能造成骨折”（《便西拉智训》28:17，另参见《诗篇》57:4）。古埃及针对朝臣和其他掌管事物的人的劝谏文学，对愤怒的话语可能造成的伤害十分灵敏，“不要与热爱吵架的人争执……说话前先睡一觉”，谨防“生气之人”的言论，当心“脾气火爆的人”。[2]我们已经看到了，在古罗马，西塞罗告诉他的兄弟要管住自己的舌头。

如今许多评论家宣称我们生活在一个罕见的充满愤怒话语的世界。一位《纽约客》（*New Yorker*）评论家说：“在唐纳德·特朗普领导下的美国，最能引起人们共鸣的是空洞、愚蠢的自夸如何转变成偏执的愤怒。”[3]我们很难确定互联网时代在这方面是否不同寻常。谷歌的Ngram浏览器显示，自大约1970年以来，纸质书中“anger”和“angry”这两个词的使用频率显著增加。但从1995年左右开始，其使用频率的下降表明这两个词现在都在失去它们的显著地位。无论如何，这样的趋势并不是判断愤怒的话语非常好的标准，因为愤怒的话语通常以诅咒、姿态、谴责和愤怒的语气这些形式出现。

古罗马的法律规则和实践为衡量过去对愤怒话语的态度提供了一条路径。古罗马的法律体系依赖私人控告，没有公共检察官提起诉讼。但是，如果有人在愤怒的情况下提出控告，他是否犯有诽谤罪，即因愤怒而损害对方的名誉？在这种情况下，是否应该惩罚原告？查士丁尼的《学说汇纂》（*Digest*，于533年发表）表示并非如此，因为“无节制的愤怒中没有污蔑（诽谤）的恶”，并且可以得到原谅。[4]但《狄奥多西法典》（*Theodosian Code*，于438年颁布）中包括一项在古罗马颁布的法律，该法律废除了起诉者口头控告的权利，因为正如法律的诠释者所解释的那样，口头控告通常是在愤怒的情况下发生的，这是不能被接受的。从此以后，与之前相反，“原告应以书面形式陈述，他将证明自己在愤怒中所说的话”。比这种情况更好的是，法学家们补充说，让原告“恢复理智”并完全放弃案件起诉。[5]显然，这些法学家属于不信任愤怒的情感共同体，并且认为愤怒的人不应对他所说的话负全部责任。源于同一个共同体的另一个观点是，当一个男人“一怒之下”要与他的妻子离婚时，离婚是无效的。[6]

然而与此同时，一些法律诠释者认为法官的愤怒是适当和合理的，这确实有助于他（古罗马没有女法官）的权威。例如，当原告在法庭上“说出不诚实的话语或阐述事情的性质不实”时，会激起法官的愤怒，这是完全合理的。[7]事实上，当怀有恶意企图的原告“诬告一些清白的人”时，理所当然搅乱了“君主的头脑，引发他的愤怒”。[8]

简言之，愤怒、充满恶意的言辞可能会理所当然地激怒法官，但会使原告丧失控告的资格。而且，这也可能会产生一种自相矛盾的现象，即原告因此得到宽恕。在古罗马，人们对待愤怒似乎同一时间持有两种相互矛盾却共存的态度：

一种认为愤怒可以激发判断力，而另一种则认为愤怒是暂时的精神错乱。

在中世纪，这两种态度之外又加入了第三种态度。一群颇具影响力的思想家认为愤怒不是疯狂的一种形式，也不是正义的附属品，而是一种罪，因此完全应该受到谴责。这些思想家都是神职人员，他们主导了我们现在可以看到的史料。然而，正是他们非常频繁地谴责愤怒表明，诅咒、咒骂和侮辱别人是普通人习以为常的事情。

因此，在14世纪早期关于"处理罪恶"的流行手册中，英国神父罗伯特·曼宁（Robert Mannyng）利用一个机会，在一首诗歌中警告父母不要因为孩子的小错误而诅咒他们，否则就要提防可怕的后果。他说，请想想一个母亲诅咒自己孩子的例子。母亲告诉女儿洗澡时要注意看好她的衣服，而当她准备穿衣服时，小女孩没有在她叫她的时候立即过来，这让她很生气。曼宁警告说："坐在浴缸里的母亲，逐渐充满愤怒和火气。"她狠狠地诅咒这个可怜的孩子道："魔鬼会来找你，因为你还没为我准备好衣服。"魔鬼听到了这句诅咒，并立即附在孩子身上，再也没有被驱走。[9]

曼宁的学说以仅存大约一个世纪的传统为基础。在13世纪，神学家威廉·佩拉尔德斯（William Peraldus）创造了一种新的罪：口舌之罪。他描述了24种这样的罪，诅咒就是其中之一。佩拉尔德斯说，即使是那些免除了其他所有恶行的人也会屈服于口舌之罪，就好像舌头是一个独立的、特别任性的被造物。当然，口是进出身体的通道，它让健康的（或有毒的）食物进入，又（通过舌头）说出好的（或有害的）话语。舌头的合理工作是“祈祷、赞美上帝，领受基督的身体和血，并传递圣言”。但它经常不能履行自己的职责。它亵渎神明，并且发表侮辱上帝的言论，这是它第一个也是最严重的口头之罪。亵渎者的典型例子是“愤怒的人想要报复上帝，说出上帝身体上不应被说出的部位”。[10]佩拉尔德斯指的是诅咒或以上帝的肢体起誓的做法，“以上帝的手臂”，“以基督的脚”起誓。在接下来的几个世纪里，关于基督因这种亵渎而遭受折磨的传说和画作成倍地增加，因为据说以基督的脚起誓，基督的脚就会被截肢！像这样的诅咒需要得到相应的可怕的惩罚。正如中世纪晚期的一首诗歌中所写的那样：“我曾在愤怒中以上帝之名起誓，因此我经受火的灼伤和燃烧。”地狱等待着亵渎者。[11]

侮辱和争吵也是由愤怒引起的罪。在这里，佩拉尔德斯特别关注女性，他指责她们没完没了地啰唆。她们永远在争吵，“如雨连连滴漏”，这是在《圣经》的《箴言》19章13节中出现的形象。如果一个不幸的丈夫有这样一个妻子，那么他将“永远不得安宁”。贫穷的生活会更美好。佩拉尔德斯的说法是后来新斯多葛学派所说的唠叨的妻子的中世纪来源。

佩拉尔德斯的论述非常受欢迎，并启发了欧洲各地关于口舌之罪的相当一部分道德文学。在荷兰，有一篇论文概述了10种这样的罪责，而另一篇则说出了14种。虽然愤怒不是所有口舌之罪的原因，但它一直是诅咒、咒骂、暴怒和争吵的罪魁祸首（关于愤怒尖锐的言辞和极坏的后果，见插图4）。这些观念成为教会的教义问答和常规教牧关怀的一部分，神父谴责口舌之罪，而且这种罪责构成忏悔所解决的主题中的相当一部分（自1215年第四次拉特兰大公会议以来，信徒必须每年至少忏悔一次）。随着欧洲许多地区识字率的普遍提高，神父开始以白话创作一些作品，为平信徒家庭和宗教共同体提供了合适的阅读材料。很快，经过口口相传以及大众戏剧、雕塑、彩绘玻璃、壁画和其他媒介的传播，即使是没有文化的人也知道口舌之罪。直到17世纪，这个观念还很流行。

★

在确定了侮辱、咒骂和争吵是有罪的，并且这些罪责对公共和平有害之后，教会和国家都主张有权禁止或修正这些行为。英国通过了禁止侮辱性言论的法令。地方法院——包括世俗法院和教会法院——审理了起诉者提出的诽谤案，起诉者声称自己的名誉受到损害。几乎所有人都一致同意，没有什么比荣誉更重要，因此诽谤是争议和法律诉讼的重要来源。

但是为了在法庭上通过审查，起诉者必须证明他们所指控的诽谤他们的人有恶意企图。因此，当约翰·格林霍德说约翰·托普克利夫是寄生虫和懒汉时，托普克利夫于1381年在约克的一个教会法庭提起诉讼。托普克利夫声称格林霍德曾“公开、反复、虚假、恶毒和充满恶意地说话”。[12]恶意很难被证明，因此法院诉诸两种基本策略：传唤证人针对企图做出证明，并试图确定“诽谤”的内容是否实际上为事实陈述。

托马斯·罗宾逊提起的诉讼就是一个例子，这个案例同样发生在约克。托马斯宣称，约翰·雷纳在许多人面前出于仇恨和利益，虚假、邪恶、充满恶意地对托马斯说：“你这个虚伪的偷窥贼。你难道不承认打过我吗？”法庭在证词中询问证人实际上托马斯有没有打过约翰，以及约翰是否愤怒地说过这句话。两名证人作证说他们当时在争执现场。他们说，约翰确实说了“粗暴的话”，并且脸上“愤怒地皱着眉头”。他们声称托马斯没有做任何事激怒约翰。[13]这样的案件可能被判定有利于起诉者（在这个例子中是托马斯），尽管我们无法确定，因为法庭记录没有告诉我们判决结果。但总之，约克法官显然对那些愤怒的讲话者持有明显的偏见。

在亨利八世的统治下，英国教会与罗马天主教决裂，分道扬镳，这种偏见也没有发生改变。即使存在不同的负责人和略有不同的神学，约克的教会法庭仍在继续调查诽谤案件中是否存在愤怒和充满恶意的企图。但如今更加丰富以及数量更多的记录表明，原告大多数都是女性，而被告是女性的比例也几乎相等。在提交给法庭的其他类型的案件中，原告为女性的案件仅为28%，且女性是被告的占24%；而在诽谤诉讼中，女性分别占55%和41%。[14]甚至此类案件中的措辞也是性别化的：“scold”（爱训斥者）这个词的意思是谈吐粗俗或讲话有侮辱性的人，几乎总是指女人。

按照当时的一些医学和道德理论，女人根本不应该是爱训斥的人。这种思想流派认为，女性没有男性那么暴躁。正如圣公会神父理查德·阿莱斯特里（Richard Allestree，卒于1681年）所写："大自然以更冷静和更温和的体质对待女性，在女性的组成成分中，火的因素更少，因而胆汁质也更少。"他认为女性天生软弱，无法"用任何有效的力量表达她们的愤怒"。很明显，上帝并没有打算让她们生气。然而她们还是这样做了，她们用自己唯一的"女性武器"，也就是她们"乱叫"的舌头来表达她们的愤怒。不管舌头在现实中多么无力，她们的口头的暴怒让所有听到的人都感到害怕。阿莱斯特里说，这种情况的补救措施是让女性用舌头对付自己，提防自己"思想的病态结构"以及想到什么就说什么的习性，思想和习性这两者都受到自己嫉妒、怒气和复仇的天生激情的刺激。[15]然而，正如我们在第三章中看到的，17世纪的另一位医生赫尔基亚·克鲁克说，女性的愤怒异常强劲。我们可以通过医学意见在这个话题上存在的分歧来调和这两种说法，但无论如何，女性的愤怒是悲惨的。阿莱斯特里只是比克鲁克更强调女性摆动不停的舌头。

在法庭的案例中，性暗示（对女性的伤害最大）和不诚实的指控（损害男性的名誉）被认定是伤害和诽谤。自1222年召开牛津会议以来，"出于……无论何种原因，恶意地将罪行嫁祸于善良和严肃的人中没有不良名声的任何人，这样做的那些人"将被逐出教会。[16]在约克，愤怒往往是恶意的证据，两者一起出现。

牛津的条约的意思是，如果诽谤损害了原告的利益，那么充满愤怒和恶意的诽谤将反过来伤害那些侮辱别人的人，因为他们将被逐出教会并且通常还必须支付诉讼费用。有时，名誉扫地的诽谤者必须穿着忏悔的装束参加公众游行，在众目睽睽之下蒙羞。在弥撒中，诽谤者要请求那些被诽谤的人原谅他们，请求的声音要大，这样在场的每个人都能听到。

难怪有许多被告否认自己曾愤怒地讲话。他们坚称自己的言辞没有恶意，没有怨怼。1704年，乔治·洛瑟林顿指控罗伯特·艾伦通奸时，他说这一指控并非出于恶意，而是陈述事实。艾伦的仆人生了一个孩子，说艾伦是孩子的父亲。作为教区的济贫院检察官，洛瑟林顿不得不调查私生子，他称艾伦为通奸者只是在做他的本职工作。事实上，证人作证说，洛瑟林顿与艾伦说话时“非常有礼貌，并不愤怒或带有激情”。[17]在其他案例中，被告将自己说过的话重述为玩笑话，而不是气话。然而直到1700年，关于圣公会法律的学术论文（learned treatise）宣称，即使被告所说的话不是诽谤性的，但如果原告证明“这些话是侮辱性的，那么原告将获得胜利。然后说出这些话的一方将受到法官的惩罚……（是）因为这些话是出于恶意和充满愤怒的想法说出来的”。[18]

然而，当提及法庭时，英国在同一时期有不止一个情感共同体。并非所有法官都认为愤怒是从重处罚情节，是犯罪故意的证据。相反，有些愤怒是无罪的，就好像人会情不自禁一样。皇家法院认为，比起蓄意谋杀来说，“暴怒之下”杀人更不应受到谴责。[19]即便在某些审理诽谤案件的教会法庭中，情况似乎也是如此。例如，1507年，约翰·方坦斯（John Fontans）在奇切斯特起诉约翰·克洛弗爵士（Sir John Clover），后者说他是“已被证实的贼”，但克洛弗爵士宣称：“盛怒之下，我称原告一方为贼，没有其他意思。”也就是说，他侮辱约翰·方坦斯只是因为他生气了，而他生气的原因是约翰·方坦斯先前反过来侮辱了他。[20]两人在庭外达成了协议。但很明显，克洛弗爵士认为无预谋的愤怒很好地为他诽谤别人辩护了。奇切斯特位于约克以南，是人们在英国所能到达的最远的地方，即英国的最南端。因此，在司法实践中存在地区差异以及司法培训的差异，这些差异在概念、评价甚至愤怒的表达中都很重要。有一些地区及法官还认识到第三种愤怒，即适度的愤怒，这种愤怒不仅无罪，而且在法律上是正确的。我们在1442年的赫里福德的案例中看到了这一点，在这个案例中，被告不得不在大弥撒的教堂祭坛上公开请求赦免，当时肯定有一群忠实的信徒在场，而且他不得不承认“他说这些（诽谤的）话语是出于恶意，而不是出于善意的热忱或愤怒”。善意的愤怒会帮助他洗清罪名。

在德语地区同样也是各种态度混杂在一起。在德语地区，当人们因辱骂他人而被带上法庭时，有时他们会声称自己喝醉了或者“出于愤怒”说了这些话，从而为自己辩护。在奥格斯堡，如果因“过度饮酒、突然愤怒或其他意外原因”侮辱别人，当事人可以免除处罚。在这些案例中，法官认定愤怒是无法控制的疯狂行为。而其他城市的领导人并不认同这一点，在他们看来，愤怒根本不能为当事人辩护，因为人可以以自由意志防止愤怒出现。在布赖斯高地区的弗莱堡市，关于诽谤的公民法律特别考虑了对侮辱的惩罚，它的结论是“每个人都要谨慎选择自己的言辞，并且知道如何控制自己的愤怒”。[21]然而在另外一些情况下，人们认为愤怒是适宜的，比如，在它捍卫个人或其家庭的荣誉的时候。有一些公民法规甚至包含“对侮辱的反驳权”。历史学家阿利森·克里斯曼（Allyson Creasman）将这种豁免追溯到中世纪意大利注释法学派的理论，他们认为，正如人们有权保护自己免受人身攻击一样，人们也可以通过口头反驳来适度地反击针对他们名誉的侮辱。

★

从早期现代的民事诉讼直至今天，社会似乎出现了巨大的飞跃。但那个时期的某些方面即使现在看来也仍然适用。我们倾向于认为，信口胡说、网络羞辱、日常谈话中无处不在的脏话以及电影和电视中脏话的使用频次增加，这些都是我们这个时代所特有的。但克里斯曼指出，早期现代的德国公民认为他们的时代也是如此。他们住在拥挤的城市里，这些城市的住房不足以容纳他们迅速增长的人口。在这种情况下，城市居民敏锐地意识到侮辱、“不经意的辱骂”和粗俗歌曲对公共和平与友好构成的威胁。[22]如今，对于一些人来说，比起过度拥挤，城市扩张对社群意识的威胁更大，但我们的家园通过电连接到了更广阔世界里的喧嚣，我们的家园在很多方面就像一个拥挤的公共论坛，对谣言、“假新闻”、羞辱和辱骂敞开大门。

那些在早期形成并得到强化的态度如今依然存在，并且可以肯定的是，它们并没有发生变化，而是作为情感的潜在“保留曲目”被用作各种目的。虽然如今很少有人说愤怒有罪，但许多人确实将愤怒的话语视为严肃的社会和人际关系议题，它会破坏社会公德和友谊的微妙结构。虽然愤怒和恶意已经从大多数诽谤案中消失（恶意得到保留，但也仅出现在公众人物提请诉讼的案件中），然而这两者仍然如此普遍地一起出现，以至于《纽约时报》称特朗普的侮辱和自夸推文充满“愤怒”。[23]我们喜好看到侮辱和贬低背后的愤怒，及我们对愤怒动机怀有含蓄的谴责，正如我们已经看到的那样，这种喜好和谴责有着很长的历史背景。

就连唐纳德·特朗普通常也会避免明确表示他很生气，就好像这个说法本身就在贬低自己一样。“愤怒的黑人女性”这个例子就展现了这个形容词如何在当今美国成为一种羞辱的形式。这个短语让人回想起早期现代“爱训斥的妻子”这种偏见，以及女性感性和男性理性的顽固刻板印象。但现如今特地将愤怒与有色人种的女性联系在一起，这种侮辱又多了一层伤害性。瓦妮莎·E.琼斯（Vanessa E. Jones）写道：“几个世纪以来，关于黑人女性的刻板印象始终贯穿流行文化……但是目前主要接受训练的是‘愤怒的黑人女性’。”[24]琼斯观察到，虽然有一些黑人女性觉得这个绰号很有趣，甚至很有力量，但其他黑人女性则认为它很可恶。心理治疗师温迪·阿什利（Wendy Ashley）认为，“愤怒的黑人女性”这个形象会导致临床情况中对黑人女性的误诊和错误治疗。标签有时会影响她们的自尊，以至于她们“可能会压抑对愤怒的表达，并将其对生活的影响降到最低……因此，病人可能会在治疗环境中感到不安全，并带着无助、绝望和自我厌恶的感觉（离开）”。[25]她们实际上可能会愤怒，但对琼斯来说，那种愤怒是很好的，是由社会不公所激起的，而不是刻板印象所描绘的“霸道”和“吵吵嚷嚷”的愤怒形象。

这种标签对黑人女性造成的心理影响是心理治疗师所担心的问题，一些法律学者还有其他担心的问题。“愤怒的黑人女性”这种修辞助长了针对黑人女性的攻击行为，她们感到受伤却没有“重新平衡心态的措施”。罪责落在了女性身上，她们发现自己只是因为不愿妥协或不愿违背原则而被赋予“愤怒”的角色。虽然白人女性的抱怨和抗议有时被认为是道德高尚的，但黑人女性却发现人们断定她们是“愤怒、失控、不理性、脾气不稳定以及充满威胁的”。职业黑人女性害怕直言不讳——实际上根本不敢说话，因为她们害怕遭到同事的白眼，同事会把她们视为“麻烦制造者”。总之，两位法学教授在《艾奥瓦州法律评论》（*Iowa Law Review*）中主张，“反抗自身边缘化的黑人女性会被社会转变为‘愤怒的黑人女性’”。然而，如果她不反击，那么她会觉得“自己与压迫她的手段同谋”。黑人女性所承受的压力以及与这些矛盾的抗争导致了现代版的地狱，“情绪困扰、抑郁、焦虑、噩梦、创伤后应激障碍、高血压、糖尿病、癌症、心脏病和中风”。[26]

黑人男性也未能免于被贴上“愤怒的标签”。其中有些人把它变成了勇气的徽章，而其他黑人男性则发现自己要应对“愤怒的黑人男性”形象。[27]这个标签历史悠久。例如，在1747年，美国的“开国元勋”本杰明·富兰克林主张说，如果费城人不武装自己（这是富兰克林所提倡的），那么之后万一英国发动进攻，费城人最好向皇家指挥下的船只投降，而不是落入私掠者之手，他将这些私掠者描述成“黑人、黑白混血儿和其他的一些人，即人类中最卑鄙和被遗弃的人”，因为他们遭受过“肆无忌惮的暴怒”。然而如今这种刻板印象适用于“受过良好教育的中产阶级非裔美国男性，尽管他们在经济和职业上取得了成功，但（在他们的工作场所）处处感受到种族歧视，因此总是被激怒”。[28]抵制这种刻板印象需要一些行为，这种行为被社会学家阿莉·霍克希尔德（Arlie Hochschild）称为“情绪劳动”，在这种情况下，劳动指的是表现得很平静，以抵御可能产生的怨恨情绪。[29]

事实上，无论属于什么种族的人，当今大多数职场人士在工作时都受限于不能表现出愤怒。情绪劳动的想法来自霍克希尔德的观察，即许多工作需要人们展现出（甚至感受）某些情绪，无论这些情绪是快乐（比如她研究过的航空公司空姐的情况）还是愤怒（比如她同样研究过的收债员的情况）。在达美航空（Delta Airlines）的空姐培训中心，女性接受有关飞行安全和服务的指导。在第一节课上，她们被告诫要不断微笑，同时伴着真情实感。在进修课程中，她们直接面对愤怒的议题及其有害影响：正如她们的老师所解释的那样，当你愤怒时，你的心跳会加快，呼吸会变急促，肾上腺素会飙升。愤怒对你不好。那么你会如何面对“愤怒者”（irates，航空公司称呼长期怀有敌意的乘客的行话）？达美的教官告诉女性重新考虑她们贴上的标签：是有人喝醉了吗？那么就重新把他当作孩子；是有人在咒骂吗？那么就把他想象成受到心理创伤的受害者。通过改变描述符——言辞，空姐就会改变她的反应，从愤怒变成同情。

正如我们所见，当愤怒受到谴责时，说某人愤怒了，就是一种侮辱。但作为“包罗万象”的词，愤怒有时很容易被悲伤、伤害、惊奇、骄傲等更微妙的感觉所取代。这是达美航空培训中心教官的见解。这说明，尽管作为群体，我们对（自己和他人的）“感觉”越来越感兴趣，但我们的情感词汇却变得越来越匮乏。美国人曾经使用过无数与愤怒相关的词汇：激情、暴怒、愤慨、狂怒、盛怒、暴躁，等等。每个词语的含义都略有不同，因此，比如在1758年，人们之间的争执可以被描述为“热烈交谈”。[30]如今，无论我们经历的各种形式的愤怒有多么不同，我们都倾向于退回到一个词语：“他很愤怒，我很愤怒！”

正如莉莎·费德曼·巴瑞特所指出的那样，给感觉命名——无论是把它当作描述符还是当作判断——对于我们如何理解自己的感觉至关重要，因为这样的词汇整理和组合了各种各样的感觉。我从母亲那里了解到，当我打洋娃娃时，快乐和正义的愤慨两种感觉向我袭来，它们与羞耻感一起并存，所有这些感觉都被包含在愤怒这个词中。这是我对这个词的理解，但并不一定恰好也是你的理解。更进一步说，多年来，其他感觉与我那幼稚的愤怒的最初感觉结合在一起，而其他感觉已经中断了，被暴怒、刻薄和残忍等词汇囊括。情感词汇很重要：它们唤起感觉的全部情境，预测他人的反应，并且当我们在共同体内外体验到它的许多回响时，它会呈现出新的意义。

第二部分

愤怒是恶行，但（有时）也是美德

第六章

亚里士多德及其后继者

第一部分将愤怒视为大体上需要避免出现的感觉，或者说，更好的做法是根本感觉不到它。但是长期以来存在一个完全与之矛盾的传统，这个传统虽然将某些形式的愤怒视为恶行，但它也维护其他种类的愤怒，并将其视为积极的美德。亚里士多德是这一传统的主要先驱。

亚里士多德认为，愤怒是由一种判断——信念引起的。当我们认为自己受到轻慢时，我们就会愤怒。我们感受到的轻慢是一种类型的痛苦，这会使我们愤怒。我们受到驱使采取行动——报复给我们带来痛苦的人。我们从复仇中获得愉悦——事实上，只是从对它的沉思中——消除了最初受到轻慢的痛苦。亚里士多德说，这是完全正常的反应，而且在许多情况下，这是完全正当的，甚至是高尚的。只有愚蠢的人才不会愤怒；只有易怒、任性的人才会愤怒。诀窍（通向良性愤怒的途径）是“在适当的时间、适当的场合，对于适当的人，出于适当的原因，以适当的方式愤怒”。[1]

但“适当的时间”是什么时候？它难道不会随着社会的

变化而发生变化吗？亚里士多德会回答，是的，情况总是略有不同。但普遍原则保持不变。如果我们瞄准了一个目标而有人从中妨碍——即便如今我们的目标与亚里士多德在世时公元前4世纪的希腊所追求的目标有所不同——我们也会对那个人生气。

事实上，当有人只是贬低我们的雄心时，我们就会愤怒，而且我们会对不支持我们的朋友特别暴怒。我们总是会对那些似乎轻视我们的人感到愤怒，而且当那些不如我们的人轻视我们时，我们会感到特别愤慨。当别人对待我们比不上其他与我们处于相同境地的人时，我们就会感到愤怒，就好像我们不值得被人好好对待似的。细节可能会改变，但地位或不公正的情况保持不变。因此，亚里士多德的性格形成时期是在雅典度过的，这一点并不重要，尽管那里的男人非常渴望在彼此面前维护自己的荣誉。而且只有男人是这样。女人在亚里士多德的体系中并不那么合适，因为她们的情感和判断（他认为）不能适当地协同工作。我们之后还会谈到这一点。

但首先我想再谈谈我的家庭，原因是虽然我的父母并不是有意识的亚里士多德主义者，但他们仍然是非常好的人。在他们看来，洋娃娃不是发泄愤怒的合适对象。但当我父亲下班回家时，他因为老板对他施加的侮辱而气得满脸通红，这是完全正确和恰当的。他是一名社会工作者，当时和现在一样，社会服务都是女性主导的职业。他赚得很少，而且看到其他人（他所在机构的女性）比他更早晋升。他的老板是个女人。除了老板的性别在父亲的思想中加重了侮辱和伤害这一极大的可能性之外，让我们考虑更严重的轻视：我父亲认为老板给他的待遇不如其他不太合格的员工。当他和我母亲谈论他可以做些什么来摆脱他的处境时，他从痛苦中找到了愉悦。

在最后的努力（计划摆脱处境）中，他是否违反了亚里士多德的模式？亚里士多德明确表示，愤怒的人想要伤害侮辱他们的人，而不是要避免愤怒，也不是（走向另一个极端）消除愤怒。他宣称："人们不会对一个没有报复希望的人生气。"[2]但我认为我父亲没有违反这条宣言。如果他要辞职，他的老板就会知道原因，那么留给她的就是令人倒胃口的局面，即寻找、面试和接任这个岗位的人。这会给她沾沾自喜的生活带来一个令人不快的小阻碍。那就是逃离现状这个幻想的一部分。

对不公平待遇的信念，摆脱现状（事实上，我父亲最终确实得到了晋升），所有这些看起来都很"理性"。亚里士多德有意让理论听起来是这样的，这是理性的。情感的起因正是判断，也许是不正确的判断，但肯定是诉诸理性的判断。在他的时代之前，大多数哲学家——只要他们思考过情感——都认为像愤怒这样的感觉完全是非理性的，就像疾病一样，只能通过魔法咒语或药物才能得到矫正。在亚里士多德的时代之后，正如我们在塞涅卡那里看到的那样，许多哲学家都认同斯多葛学派，认为情感是由错误的判断引起的，因此需要完全拒斥它。亚里士多德的观点介于这两种观点之间，在某种程度上，他的老师柏拉图也是如此。在柏拉图的一些著作中，他暗示理性和情感是在一起的。但他没有说两者是如何在一起的。亚里士多德解释了这一点。

亚里士多德为此以一种新的方式对灵魂的本性做了理论化。对柏拉图来说，灵魂（或者说心灵）由三部分组成——理性、意气、欲求。如果控制得当，理性的目标是看实在的真正形式，这一形式与普通事物的虚假表象大不相同。柏拉图痴迷于这些形式。然而，亚里士多德的关注点则不同。他对这个世界的事物——自然的和人造的——以及理解它们所必需的逻辑工具很感兴趣。植物具有简单、营养的灵魂；动物具有双重灵魂，既有营养的灵魂又有感觉的灵魂；人类则具有三重灵魂：营养的、感觉的和理智的灵魂。理智依次有两个部分，一个是逻辑的，另一个是非逻辑的。在完成发育的男人身上，非逻辑的部分倾听并服从逻辑的部分。当逻辑的部分认为，“一个无权这样做的人轻慢我”的时候，非逻辑的部分会感到愤怒。那么非逻辑的部分一旦生气，就会影响逻辑的部分的判断。两者就这样一起运作。

根据亚里士多德的说法，儿童的逻辑能力尚未得到完全发展，因此必须由成年人引导他们在适当的时间、适当的对象上产生适当的感觉。那些感觉会成为习惯。随着孩子的成长，他们会用自己的理性判断强化老师灌输给他们的习惯。而（在亚里士多德看来）女性都是不完全的男性，她们既有逻辑能力也有非逻辑能力，但她们的理性并没有对她们的情感发挥应有的影响力，因此她们必须被男性更好的理性所引导。

当然，理性并不总是高尚或卓越的。愤怒可能是美德，但也可能是恶行。回到我父亲身上，我们可以公平地说，他的愤怒满足了所有标准：当时他没有得到晋升，而被一个能力较差的人取代，他在适当的时间感受到了愤怒。他选择了适当的对象，即更高的薪水，更有声望的职位。他对适当的人感到愤怒，即他的老板。他以适当的方式感受到了这一点，即思考他可能会做些什么来报复他的老板。即便如此，亚里士多德可能会主张说，我父亲对愤怒的感受并不那么具有德性，因为（至少我记得）他几乎每天晚上都带着同样的抱怨和感受回家。亚里士多德说美德是介于太多和太少之间的"中道"状态。践行愤怒德性的人是"温和"的。他"倾向于平静"，并不总是遵循理性。相反，他"在匮乏的方向上"犯了错误，也就是说，严格来说，他愤怒的频率低于情况所允许的频率，"因为温和的人不会报复，而是倾向于原谅"。[3]

宽容的人就是亚里士多德的伦理学著作中所谈论的人。但这个人绝对不是亚里士多德在写修辞学著作时想到的人。亚里士多德教导雄辩家——古希腊世界里的"律师"——如何让法官和陪审团感到愤怒。唤起这种感觉可能会让雇主摆脱困境或受到严厉的惩罚，这取决于雄辩家是在辩护还是在起诉。亚里士多德深知"偏见、怜悯、愤怒和类似情感的唤起与基本事实无关"。他知道"通过激起法官的愤怒、嫉妒或怜悯来迷惑他是不对的"。[4]但是，他说他必须以牙还牙，其他雄辩家是通过情感诉求说服法官和陪审团的，所以亚里士多德的雄辩家也需要知道技巧，既要注意到它们又要使用它们。正如他非常明确地说的那样，情感是“能够使人改变观念、影响判断的种种情绪”。[5]亚里士多德列举了14种情感，每一种都是成对的，尽管他承认它们只是典型的例子：愤怒与温和，友爱与恨，恐惧与自信，羞耻与无耻，善意与无善意，怜悯与愤慨，以及（最后）嫉妒与效仿的欲望。唤起情感正是雄辩家改变法官和陪审团合乎理性的观点的方式。这就是灵魂的非逻辑的部分如何影响逻辑的部分。

所有这一切似乎完全是精神上的，好像愤怒只存在于思想中而不是同样存在于身体感受中（我们都知道这是真实的）。但亚里士多德并不否认身体的重要作用。的确，愤怒的原因——引发愤怒的事件——总是出于一种认知，关于“那个人不公正地轻慢我”的命令。但是一旦触发愤怒，它就会影响整个有机体。亚里士多德并没有将身体和灵魂分开，相反，我们可以说，对他来说灵魂是具身性的。由于所有有生命的事物的身体和灵魂都在一起，所以灵魂的情感也是身体的。医生会将愤怒定义为“血液的沸腾或心脏周围温暖的实体”，因为医生正在思考它的质料。[6]然而，哲学家会说“愤怒导致心脏周围的热沸腾”，因为哲学家正在思考是什么引发了身体的反应。胸口发红、颈部青筋肿胀、太阳穴鼓起，这些都是愤怒的迹象。亚里士多德说，难怪人们会说“愤怒是热血沸腾、升起和躁动”。[7]

愤怒总是只针对一个特定的人。在这一点上，它与仇恨不同。亚里士多德说，我们不能对整个阶级的人生气，但我们可以恨他们。例如，每个人都讨厌小偷和杀人犯。仇恨助长了种族和宗教暴力。产生愤怒的个人痛苦不同于我们仇恨时的痛苦。莱维在奥斯维辛集中营的经历很好地说明了亚里士多德的观点，那里挤满了充满仇恨却很少愤怒的人。亚里士多德认为，当我们有仇恨的情感时，我们希望消灭我们所仇恨的一个或多个人，但我们不在乎他们是否感受到我们愤怒的复仇；对我们来说，他们是否知道我们对他们的感受并不重要。亚里士多德很少谈及仇恨。对他来说，这并不是什么复杂的情感。在某种程度上，它太“理性”了，也太无止境了。一旦冒犯者得到处理或原谅，愤怒就会消散，但仇恨从不消亡。

★

亚里士多德关于情感的思想被斯多葛学派和之后兴起的新一神论宗教（基督教、伊斯兰教）所遮蔽，这些宗教对人和上帝的本质有着完全不同的看法。在这个背景下，直到11世纪和12世纪，亚里士多德才再次变得重要。即便如此，至少在一开始，思想家们所感兴趣的还是他关于逻辑而非激情的著作。

与此同时，人们有将情感理论化的实际需求，因为社会各阶层的人都在思考、写作并且歌唱情感。在西方，大领主声称“爱”自己的封臣，并期望转而得到爱。但是如果他们的期望没有得到满足，他们就会威胁封臣，要通过战争来发泄他们的“愤怒”，而不是通过让封臣沐浴在他们所提供的支持、恩惠和礼物中，来表达他们的爱。在王室宫廷中，游吟诗人和其他艺人为贵妇们精力充沛且体贴地歌唱。更为常见的是，他们歌唱自己破碎的心和愤怒。13世纪的诗人雷蒙·德·米拉瓦尔（Raimon de Miraval）给夫人梅斯·达米克（Mais d'Amic）的信中写道：

> 梅斯·达米克，你是最好的，也是最坏的，
> 一个人应该分享自己所拥有的。
> 你有快乐、善举和好处，
> 而我只有悲愤和忧郁的心。[8]

在修道院和教堂学校中，有关基督本性的那个神学正在发生变化。耶稣从令人敬畏的天上的主那里获得了新的角色，即被宠溺的圣母温柔怀抱的小婴儿，十字架上受难的人。在12世纪，有一位修士写了一篇精彩的论文，关于如何沉思耶稣生命中的每一步、每一个阶段：“陪伴母亲前往伯利恒，和她一起躲在旅馆里，在她分娩时在场并帮助她……把你的嘴放在那双最神圣的脚上，一次又一次地亲吻它们。”当谈到耶稣被捕的那一刻时：“我知道你现在满心怜悯，义愤填膺。随他去吧，我恳求你，让他受难吧，因为他为了你而受难。你为什么渴望有一把剑？你为什么愤怒？”[9]像这样的沉思如此依赖情感，它实际上要求学者们试图理解情感，理解它们的原因和影响，它们的目的、美德和恶行。

学者们就是这样做的，一开始他们借鉴了柏拉图和新柏拉图主义的思想，但后来逐渐更加坚定地转向了亚里士多德，依赖他们从亚里士多德那里学到的逻辑工具。正是在这个背景下，13世纪的经院哲学家托马斯·阿奎那（Thomas Aquinas）写下了关于中世纪时期所产生的情感的最完整论文，实际上，这篇论文也是有史以来最完整的论文。他的理论是“亚里士多德主义的”，但也远远超越了亚里士多德。托马斯将情感系统化，展示了情感如何协同运作，以及赋予愤怒更重要的地位，比亚里士多德所认为的情感在一般人类情感中的地位还要重要。

亚里士多德提出了灵魂三分——营养的、感觉的和理智的。但我们现在这个框架更复杂，因为它还增加了灵魂的另外两种“功能”——运动和欲求。就像灵魂的各个部分一样，这些功能也是“生命模式”。大多数动物不仅生长（营养功能的结果），而且还有感觉的能力（反映它们灵魂的感觉部分）、欲望（欲求能力的结果）和运动（运动能力的结果）。所有人，也只有人拥有理性的力量。正如我们所指出的，情感是在人类灵魂的理性部分产生的；非人类的动物没有情感。

通过极大地强调欲求能力（渴望、向外看和欲求事物的灵魂的力量），托马斯对这个方案进行了一定程度的修改。他这样做的目的是理解和解释人类对至福的追求。对托马斯来说（与亚里士多德不同），上帝创造了人，而人的最终目标是回归上帝。情感对于回归至关重要，它是驱动力，是原动力。可以肯定的是，情感也可能导致远离上帝，从而直接犯下罪责。但他们这样做不是有意的，每个人都想要愉悦以及避免痛苦，但有些人把食物、金钱或性误认为是真正的愉悦，他们把祈祷、美德和敬虔的冥想视为痛苦。当那些误入歧途的人追求他们的目标时，他们的情感就会扭曲，就像向外看向了错误的事物。但那种向外看的能力——那种欲求的力量——也同样是通向上帝的道路。

因此，与佛陀和塞涅卡不同，与追求没有愤怒的世界的新斯多葛主义及其他有远见的人不同，也与那些把其他人的“愤怒”看作“令人厌恶”或只是“失控”的做粗略描述的人不同，托马斯乐于接受愤怒并看到了它的有益用处，就像他对所有情感所做的那样。诀窍是——在这里他效仿了亚里士多德——在适当的时间、适当的场合，对于适当的人，出于适当的原因，以适当的方式愤怒。但托马斯的“适当”概念与亚里士多德的截然不同。此外，托马斯并没有将愤怒和其他情感视为由独立的各种判断引起的（就像亚里士多德那样），而是确定了11种情感：爱和恨、欲望和回避、快乐和悲伤、希望和绝望、勇气和恐惧，以及唯一单独的情感——愤怒，所有情感一起运作，尤其被其中一种情感所激发，那就是爱。其他所有情感都在努力协助爱达成目的，甚至恨也协助了爱，通过反抗与爱的善好相反的恶来实现这一点。

托马斯感兴趣的是情感在此生此世如何发挥作用，尽管他主要关注的是解释生命如何安息在上帝之中并且爱上帝。

他特别强调“欲望”（“肉欲”）的情绪——爱和恨、欲望和回避、快乐和悲伤——因为它们是推动者和撼动者。它们抓住目标并努力实现目标。那么愤怒的作用是什么？它是一种“易怒”的情绪，其任务是帮助欲望这一情绪达到他们的目标。通往爱的目标之路上常常充满困难。一个人可能非常想要某样东西，但这人通常需要帮助才能得到它；一个人可能非常讨厌某事，但回避本身可能不会帮助这人解决这件事。在这样的时刻，就轮到易怒的情绪运作了。帮助我们回避恶的情绪是恐惧（促使我们逃跑）或勇气（使我们大胆地面对我们憎恶的对象）。如果我们还是失败了，如果我们以悲伤告终，那么我们就会愤怒。同样，在爱的情况下，如果欲望必须努力，希望（增加了欲望的强度）和绝望（因无法实现目标而退缩）会助其一臂之力。如果希望成功了，那我们喜悦，无须感到愤怒；但如果接踵而至的是绝望，那么，我们又会陷入悲伤和愤怒。

托马斯的理论将愤怒与所有其他情感联系起来，给愤怒增加了层层叠叠的感觉。在他的理论中，愤怒不仅是某个特定想法的结果，也是许多判断、欲望和情感的结果。首先，它是被爱所激发的，因为如果没有先爱上被证明是难以获得的东西，人就不会愤怒。其次，愤怒本身也是一种复杂的情感，涉及与它自己相关的希望和欲望。对托马斯来说，愤怒不是人一作出判断就突然发怒了（正如亚里士多德所假设的那样），而是情感最后的手段。然而，对于托马斯和亚里士多德来说，愤怒（潜在）是善好的和有用的，“奋起反对相反的和有害的事情”，这是适当的和正义的。[10]

从这个角度思考我父亲的愤怒，首先考虑的不是他与老板的冲突，而是他的许多爱。他对自己和家人的爱使他渴望从事某种工作，他指望这份工作能给他带来快乐。这不是他唯一的快乐，他还有很多其他的爱。但对工作的爱会有助于使其中一些爱成为可能（比如购买大量书籍、品尝美食和饮料、听音乐、养家糊口），并且会将他引向一些新的爱——一个职位带来的实际的喜悦，在这个岗位上，他可能给自己社会工作所服务的客户做一些好事。当我想起那些餐桌上的谈话时，我意识到他和我母亲谈论的不只有他们共同的愤怒和沮丧，还有他们的爱、希望和绝望。这些不是亚里士多德所讨论的那种纯粹的感觉。相反，它们与其他情感交织在一起：我父亲希望离开他就职的机构，他担心如果他这样做可能会发生什么，即使如此他也鼓起勇气继续前进。这些交流总是笼罩着悲伤的幽灵——希望破灭和工作积极性受阻的痛苦。

★

亚里士多德和托马斯的情感观对后来的理论和实践产生了巨大影响。事实上，自13世纪以来，每一位处理情感问题的思想家都不得不以这样或那样的方式对它们做出回应。托马斯的观念在天主教会内成为习俗，直到17世纪作为最高权威占据主导地位。尽管那时思想史中的一个分支仍然依附于教会及其托马斯主义流派，但从笛卡尔开始，有另一群思想家却有意识地努力脱离教会。笛卡尔打破了欲望和易怒情感之间的区分，他否认善与恶的客观性。他并不坚称上帝是适当的和最终的爱的对象。相反，他强调人们对外部事物的主观反应的多样性，这取决于他们自己的个人倾向。正如我们在第三章中看到的那样，对于笛卡尔而言，我们在任何特定时期的愤怒的特征取决于我们的生活经历和我们个人作出的判断。

尽管笛卡尔认为大脑中的松果体在情感的产生中起着主要作用，但他对主体性的强调意味着他主要对精神活动感兴趣。这就是为什么许多学者声称笛卡尔将思维与身体分开。不管这是不是真的，毋庸置疑的是，在笛卡尔时代之后，理论家们倾向于强调其中一方面（精神）或另一方面（肉体）。在笛卡尔时代声望才开始渐高的科学家们普遍倾向于把身体当作情感发生的场所，因此否认主观体验的首要地位。他们坚持认为，最好通过血压、肾上腺素分泌和其他可测量的身体现象来了解情感。在另一个极端上，神学家和“人文主义者”重视感觉的主观方面。在20世纪，弗洛伊德主义者的作品在很大程度上被认为是不科学的，他们几乎不谈论身体，除非他们认为精神错乱的“副产品”是身体症状。与其他所有人不同，行为主义者完全贬低情感的重要性。

总之，笛卡尔时代之后的情感理论拒斥亚里士多德的观点，即认为情感是评价性判断的观点。20世纪60年代，一些认知心理学家重新回到情感是“思想”的观点，这种观点十分流行。玛格达·阿诺德（Magda Arnold）是第一批这样做的人之一。她不仅复兴亚里士多德和托马斯的观点，还努力融合情感的认知观点与神经学和生理学的发现。

阿诺德理论的关键在于，情感是评价的结果。"为了唤起一种情感，我必须把对象（无论是事物、事件或情况）评价为以某种方式影响了我，我的特定经历和特定目标特定地影响了我个人"。像托马斯一样，她不是通过评价本身识别出情感，而是通过"明确地拉近或远离"对象的某种行为来识别。[11]她认为，每种情感都有自己的身体"感受"以及独特的行为。

阿诺德将易怒情感的名字改为"竞争情感"，但这一情感在阿诺德理论中的作用与在托马斯那里非常相似，她所称呼的"基本情感"也是一样。她同样从爱和恨开始，接着是欲望和厌恶，当人达成目标时，是喜悦或（在仇恨的案例中）悲伤的。但由于很少有人能轻易实现他们的目标，所以其他情感也被召集起来了：希望和绝望、勇气和恐惧。与托马斯的方案相比，在阿诺德的理论中愤怒占有较小的位置，只有当目标是避免有害的事物，并且勇气和恐惧都无法阻止伤害发生时，人才会产生愤怒。当我们受阻时，会感到愤怒，这会促使我们全力应对并移除障碍。

阿诺德与亚里士多德和托马斯不同，但很接近新斯多葛主义和弗洛伊德主义，她有治疗目标。20世纪60年代流行的弗洛伊德的观点是，愤怒是人类攻击"驱动力"的产物。为了与他人的和平关系的利益，人们常常不得不压抑这种"驱动力”。根据这种观点，我父亲在工作中“压抑”了对他老板的愤怒。弗洛伊德疗法会释放被压抑的愤怒，让他（以适当的方式）自由地向他的老板表达自己的愤怒。对阿诺德来说，有一个更简洁的解释：我父亲没有在工作中表达愤怒的原因是，“既然全力应对障碍预示着严重的危害（比如失去工作），那么我们就不能这么应对障碍（比如说我父亲的老板），愤怒没有被压抑，而是被恐惧取代了……一旦恐惧被愤怒所激起，恐惧就会随着每次相似的受挫而增加”。[12]阿诺德会说，我父亲的恐惧习惯性地代替了他的愤怒。她的治疗目标是让我父亲认识到自己把情况评价为恐惧，这是错误的，并让我父亲将其重新评价为适当的愤怒诱因。

★

今天，大多数认知治疗师治疗的不是把愤怒转化为恐惧的人，而是在错误的时间、对于错误的人、以错误的方式愤怒的人。在那种情况下，治疗干预通常遵循第三章讨论的愤怒管理策略中所使用的过程。其意图是让人们改变对许多激起他们愤怒的事情的判断。

最近，学者们提出了一种新的认知理论的变体，即情感的心理学构造。这一理论主张情感和认知都是“概念化”的，这种观点从根本上属于亚里士多德及其后继者的理论。事实上，这一理论的支持者称之为“概念行动理论”。[13]他们不主张愤怒必然是一个概念（尽管在我们的文化中它肯定是一个概念），他们也不假定灵魂或心灵分为诸如营养、感觉和理智的功能或能力。相反，他们断言，心灵——他们认为就是大脑——就是所有这些功能，因为它们是由神经网络创造的。大脑不断处理（来自身体内外的）感觉，对它们进行分类和调节。它做出的某些分类就是我们所说的情感。

这一观点的主要代言人是莉莎·费德曼·巴瑞特，她同意情感会影响我们的判断。像亚里士多德一样，她思考这对我们的司法系统意味着什么。但亚里士多德说："偏见、怜悯、愤怒和类似情感的唤起与基本事实无关。"[14]巴瑞特不同意这一点。我们把一些概念的形成与基本事实联系在一起，基本事实不能与其他所有概念的形成相分离，这些概念化中的一些几乎不可避免的是各种偏见、怜悯、愤怒等。"理性"论证与"感性"论证、"理性"司法判决与基于愤怒等因素的判决之间并无明确界限。巴瑞特认为没有公正的法官，也没有合乎理性的陪审团。[15]但她同样希望，因为情感是概念，所以作为成年人，我们可能并且将批评它们，并向新的情感敞开心扉。我将在第十章中回到现代科学思想背景下的这个理论。

★

亚里士多德主义的立场认为情感影响我们的判断，判断可能会改变。归根结底，这是一个充满希望的想法，即使这些变化有时并不是更好的。这意味着我们无须完全拒斥愤怒，也不需要想象我们对愤怒的感觉无能为力。亚里士多德认为，想象愤怒可能成为我们个性的一部分，这种想法很奇怪。对他来说，愤怒是转瞬即逝的。他认为，人性就是如此，我们不能长期被困在愤怒的状态中，因为我们都乐于被人说服。

第七章

从地狱到天堂

对亚里士多德来说，当人在适当的条件下感知到愤怒时，愤怒就是美德；当在错误的情况下表达愤怒时，愤怒就是一种恶行。对巴瑞特来说，在一定程度上批评自己的社会，只有当社会包容到能接纳不同的观点时，愤怒才是一种美德；而当愤怒在社会中被视为绝对真理时，它就是一种恶行。有一种介于两者之间的传统流传了下来，它同时滋养了两种从根本上截然相反的愤怒观念，即同时作为恶行和美德的愤怒。

在恶行与美德中，把愤怒当作美德的观念不仅自古有之，且历史最为悠久，而且也许在今天也是最普遍的。这种观点断言，我们具有美德的愤怒不仅像亚里士多德所说的那样是“适当的”，而且在绝对意义上是正义的。回想一下安东尼（参见本书第一章），他不仅在其他人没有满足他的期望时感到生气或恼怒，而且还因为其他人违反了只有安东尼一个人知道并被迫接受的更高的道德法则而感到愤怒，他为这个更高的标准感到义愤填膺。巴瑞特希望减轻这种感觉对安东尼的控制。她会告诉安东尼，他对愤怒的看法太狭隘了，他应该敞开心扉，接受许多其他方式，让他的思想、感觉和情绪概念化。我和巴瑞特有着相同的目标，但我想从历史的角度来实现它。

我要告诉安东尼的一件事是，他不需要也不应该坚持这样的观念，即认为他的愤怒毋庸置疑是正义的。人们确实在很长一段时间里都没有过这样的想法，直到教父时代（2世纪至6世纪），这样的想法才进入我们的传统。教父们直到那时才将上帝公义的愤怒这一概念纳入基督教，使我们人类有义务被迫接受它。最终，公义的愤怒至少部分得到世俗化。我们将在本章和下一章中看到这个过程是如何发生的，但我们已经在安东尼自以为是的愤怒中看到了它的表现之一。

在教父时代之前，只有古代希伯来的有坚定信仰的少数情感共同体有完全正义的愤怒这一概念。但那种愤怒只属于上帝，它基于上帝的圣约，圣约是向犹太人许诺，“如今你们若实在听从我的话，遵守我的约，就要在万民中作属我的子民，因为全地都是我的。你们要归我作祭司的国度，为圣洁的国民.”（《出埃及记》19:5–6）。[1]作为对这一应许的回报，以色列人要遵守上帝的十诫。但犹太人经常不履行圣约，因此，上帝一再向他们发怒。他的愤怒预示着毁灭和暴力，“因为在你们中间的耶和华你上帝，是忌邪的上帝。惟恐耶和华你上帝的怒气向你发作，就把你从地上除灭”（《申命记》6:15）。这也可能是对敌人的威胁，因为当其他国家来伤害犹太人时，上帝也常常对他们发怒。

相比之下，希伯来语圣经中描绘人类愤怒的形象主要是为了谴责它。“激动怒气必起争端”，“智慧人止息众怒”，“愚妄人怒气全发；智慧人忍气含怒”（《箴言》30:33；29:8；29:11）。从道德的角度来看，人类的愤怒显然是错误的。

因为人们认为基督应验了希伯来语圣经的预言，所以新宗教必须包含希伯来语圣经的经文及其含义。这意味着无论是上帝的还是人类的愤怒的角色，都必须被基督教吸收并采纳。说到上帝的愤怒，那可不是一件容易的事。迈克尔·C.麦卡锡（Michael C. McCarthy）谈到教父作家的“窘迫”，他们不得不想办法调和愤怒的上帝与他们所知道的“人类愤怒的毁灭性后果”。[2]他们尝试了各种解决方案。有些人否认希伯来语圣经的见证；其他人则认为上帝的愤怒是一种隐喻，与人类的情感完全不同。这些思想家将古典世界中关于愤怒的大部分有偏见的观点带到了基督教中。对他们来说，愤怒是一种恶行。然而，其他教父作家更充分地研究了希伯来的遗产，认为如果上帝没有能力对坏人发怒和惩罚坏人，那么他就不可能爱和奖赏好人。

这些解决方案不仅仅是知识精英之间晦涩的争论。旧约和新约都是基督教崇拜的组成部分。旧约的诗篇是基督教礼拜中的重要经文，它最早的形式就融入了弥撒中，且至今仍是弥撒的一部分。那些献身于宗教的人——修士、隐士、修女——孜孜不倦地吟唱全部150首诗篇，即使在最宽宏的修道院，每天也会有7次日课不断打断日常生活，日课主要由诗篇组成，并被设计成每周完成整个诗篇集。因此，修士们有规律地重复着令人恐惧的问题：“神啊，你为何永远丢弃我们呢？你为何向你草场的羊发怒，如烟冒出呢？”“你怒气一发，谁能在你面前站得住呢？”圣歌告诉修士们，当上帝得知以色列人得罪了他时，“所以，耶和华听见就发怒；有烈火向雅各烧起；有怒气向以色列上腾”（《诗篇》78:21，另参见74:1；76:7；77:7，9）。起初，只有基督教的宗教生活专家或哲学家、神学家和知识分子才会听到并且思考这样的话，他们找出圣经文本的所有隐藏含义，这些人不仅有修士和修女，还有主教、神父、修道士和大教堂教士。但最终他们对愤怒的大部分思考都是通过信徒的主要祷告活动进入世俗世界的：参加礼拜仪式，聆听教堂内外的布道，做告解和忏悔的圣礼，并虔诚地背诵特别为他们编写的时祷书中的祷文。

★

在基督教中最重要的是，大多数形式的人类愤怒都是不义的、恶的和有罪的。这种观点完全直接继承了亚里士多德和斯多葛学派的古典遗产以及犹太人对人类愤怒的否定。也许它也源于早期人们试图使基督教摆脱神圣愤怒的想法。例如，早期基督徒阿里斯提德（Aristides，卒于134年）在上帝的属性这一列表中写道：“他不拥有愤怒和愤慨，因为没有什么东西能够抵挡他。”实际上，阿里斯提德声称上帝不会发怒，因为他不受轻视和侮辱。他与人类完全不同，人类“充满愤怒、贪婪和嫉妒，还有其他缺点”。[3]基督教异教徒马吉安（Marcion，卒于160年）则更加彻底，正如我们从他的批评者（我们关于马吉安观点唯一的来源）那里了解到的那样，马吉安拒斥希伯来语圣经中的上帝，他想要一个纯然善好的上帝，“他从不生气，从不愤怒，从不施以惩罚，他不在地狱准备烈火，在周身黑暗中不会咬牙切齿”。[4]这些是他的反对者德尔图良（Tertullian，卒于220年）所记录的马吉安的言论。他们本来想要嘲笑异教徒，但他们可能确实反映了异教徒对暴怒的上帝的厌恶。

没有旧约上帝的合法化，任何愤怒都不可能是充满美德的，甚至都不可能是中性的。然而，正如我们将要看到的，大多数基督教思想家都渴望或者至少愿意捍卫上帝的愤怒。但这并没有影响他们对人类愤怒的看法，愤怒在他们想出的每一个恶行的列表上都占据显著位置。沙漠隐士共同体发展出来了最早的这类概述，这些隐士中的男人和女人将目光投向天堂，拒斥尘世。隐士们由神授的导师所引领，比如4世纪的本都的埃瓦格里乌斯（Evagrius of Pontus）就是导师之一，他列出了八种强大的“恶念”，如果灵魂不立即赶走这些恶念，就会导致相应的恶行。从本质上讲，这些恶念是斯多葛学派“初动”的基督教版本，也就是明智的人所认为的无足轻重并且他们也拒绝认同的震撼和促动。毫无疑问，埃瓦格里乌斯在小亚细亚本都的希腊语区接受教育时，把斯多葛学派当作学习内容的一部分。他把斯多葛学派中的“促动”翻译成了基督教专用语“诱惑”。

埃瓦格里乌斯教导说，诱惑来源于恶魔。认同诱惑意味着成为魔鬼及其所携带的特定的恶的猎物，意味着失去享受预尝天堂宁静的机会。在埃瓦格里乌斯的系统化理论中，每一种恶念都与对应的恶有关，它们有特定的顺序，从暴食开始，接着是淫欲、贪婪——这三者都渴望物质的事物，然后是悲伤、愤怒、懒惰（厌烦或沉闷的冷漠）、虚荣，最后是骄傲。这样是为了说明从身体诱惑到灵魂诱惑的一系列发展。[5]

埃瓦格里乌斯所引领的修士必须与魔鬼进行持续的精神交战，他有义务以敏锐的眼光识别魔鬼的兵器，以及看穿它们的浅薄。在愤怒的情况下，魔鬼的武器是对伤害的感知，可以通过相反的想法来卸除这一武器，比如，心想“根本没有伤害”。相反的想法是修士的弹弓、石头和箭。

基督徒处于战争之中，而他们的敌人是不可见的。与埃瓦格里乌斯大致同时代的是拉丁诗人普鲁登修斯（Prudentius），在他的诗歌《心灵的冲突》（*Psychomachia*）中，每一种美德都被描述为与其对应恶行短兵相接的形象。愤怒与非常好战的忍耐抗争。在这首诗歌的中世纪插图中，愤怒和忍耐都是全副武装的战士，由于指称两者的拉丁语名词的词性是阴性，所以她们都是女性。当愤怒的剑在忍耐的青铜头盔上碎裂时，她愤怒地自暴自弃并自杀了（见插图5）。忍耐那受到良好保护的身体能够抵抗每一次打击，于是她在胜利中对垂死的愤怒说：“我们已经以惯性的美德克服了自夸的恶行，没有冒着任何流血和生命的危险。我们的这场战争有一条法则：通过忍受狂怒的暴力来消灭愤怒及其整个邪恶军队。”[6]在这里，我们看到了一种比佛陀所劝告的要好战得多的耐心。

在5世纪，马赛圣维克多修道院的创办者兼院长，曾是埃瓦格里乌斯共同体成员的约翰·卡西安（John Cassian）放弃将八种恶念视为前情感的想法。相反，认为它们本身就是情感，而且很糟糕。卡西安略微重新排列了埃瓦格里乌斯列表。[7]所有这八种恶行都攻击灵魂的三个不同面向。当灵魂肉欲的部分被一种侵入的情感所占据时，这部分就会催生出暴食、淫欲、贪婪和其他世俗的欲望；当灵魂易怒的部分受到影响时，它会吐露出愤怒、闷闷不乐、绝望和残忍；而当逻辑部分一被征服，就生出虚荣、骄傲、嫉妒、异端等怪物。

埃瓦格里乌斯让修士们逐一与各个恶魔战斗，但卡西安认为这太容易了：只有打败所有的恶魔才能赢得战斗。卡西安说，恶行就像军营中的连队，一种恶行刚被打败，另一种恶行就受到了攻击。其他时候他把恶行比作一棵树，暴食是这棵树有毒的根。为了摧毁这棵树，修士们必须系统地砍掉每根有害的树枝，然后将其连根拔除。然而卡西安担心，在胜利的那一刻，因为灵魂在战胜其他恶行时生出了虚荣心，所以骄傲会宣告胜利，那么战斗就必须得重新打响了。

6世纪的教皇格里高利大帝（Pope Gregory the Great，在人生的不同时期，他还当过修士、外交官和基督教学术思想的普及者）构想出了最具影响力的恶行体系。格里高利通过让骄傲而不是暴食成为恶行之树的根来解决卡西安的困境。七宗罪从骄傲那里分化出来，从精神上的罪行（虚荣、嫉妒、愤怒和悲伤）开始，然后转向更具体的罪行（贪婪、暴食和淫欲)。正是这种恶行的军团主导了中世纪男人和女人的想象力，并且在如今仍然盛行。

提起军团，这是一个合适的词语，因为除了树之外，格里高利还用军事的比喻来形容恶行。基督徒士兵正在与恶行的女王——骄傲战斗。她的目标是接管士兵的堡垒：心脏。一旦她掌握了心脏，她就把它交给“七宗罪，就像交接给她的一些统帅一样”。愤怒是统帅之一，和其他人一样，愤怒也有跟在自己后面的暴力军队，包括“争吵、自负的心智、侮辱、叫嚣、愤怒的爆发和渎神的言行”。[8]（愤怒及其发源于恶行之树的军队，见插图6。）很久以后，正如我们所见，愤怒军队中的战士被列入“口舌之罪”中。

请注意，这种表述比佛陀的表述更加精确和激进。佛陀有很多列表，三藏和“五种未被掺杂的布施”只是冰山一角。但佛陀关注的不是恶行的邪恶计谋，而是将人类从恶行的魔掌中解放出来的冥想方法。简言之，基督徒寻求克服恶行，佛教徒寻求超越恶行。

但是，就像佛陀或塞涅卡一样，格里高利也猛烈抨击愤怒。在评论圣经的一句话“忿怒害死愚妄人”(《约伯记》5:2)时，他在这句话中严厉批评愤怒，可以称得上是一个斯多葛主义者。当愤怒控制了我们的心智时，它会把我们撕碎，我们无法正确地思考，我们失去了对与错的感觉，我们想象它促使我们所做的一切都是正当的。我们失去了朋友，并且“把圣灵拒之门外”。[9]我们的心跳加快，脸色发红，几乎说不出话，也不知道自己在说什么。我们开始大声咒骂、诅咒。

如果言辞可以杀人的话，那么我们就是杀人犯。愤怒将我们引向地狱。

★

然而愤怒并不全是坏的。在旧约中，上帝经常愤怒，怎么会这样呢？我们已经看到了，一些早期的思想家否认旧约和新约上帝之间的连续性。但主流的教父们很乐意谈论上帝的愤怒。早在埃瓦格里乌斯出生之前，德尔图良就在他与马吉安的论战中对上帝的愤怒进行了尖锐的辩护，德尔图良嘲笑马吉安想要一个“善好”的神，但那种神是空洞的，“既不真实，也不理性和完美，而是错误的和不公义的”。因为上帝不可能仅仅只是善的，那样的神是一个对人类毫不关心的，“冷静而倦怠的神”。[10]相反，上帝发出命令就是打算执行命令；他禁止罪恶就是打算惩罚罪恶。对德尔图良来说，如果上帝不能发怒，他就不可能是公义的。但这与人类的这种愤怒不同。我们读到过上帝的“右手”，但我们不会认为这可以与人的手相提并论。上帝的愤怒也是如此。“他可能会生气，但并不会急躁……（他可能会）因恶人生气，因不知感恩的人而感到愤慨，因骄傲的人而心生嫉妒”。[11]

4世纪初，拉克坦西提出了类似的论证。时机很关键，因为那时第一位基督教的皇帝君士坦丁大帝掌权。而且严格来说，他治下接受了罗马帝国的所有宗教，基督教第一次被赋予权力。作为皇帝的顾问和演讲撰稿人，拉克坦西的政治地位与两个世纪前塞涅卡的地位相似。但他对愤怒采取了截然不同的哲学立场，他的言辞也陷入困局。

与德尔图良一样，拉克坦西轻视没有感情的上帝，没有感情的上帝漠不关心人类，一动不动，且对祈祷充耳不闻。但拉克坦西的论述并不是因长期声名狼藉的马吉安及其异端言论所引发的。相反，这篇论文是写给那些仍然坚持古代哲学的人的。尽管拉克坦西本可以像德尔图良那样引用旧约为论据，但他选择把逻辑当作他论证的基础。他想与他那个时代的罗马帝国里的许多异教徒交谈，因为即使在那个时候，异教徒仍占罗马帝国公民中的大多数。他指责亚里士多德和其他古代哲学家认为有德性的愤怒包括为伤害而复仇。这不可能是上帝的那种愤怒，因为没有什么事物能伤害上帝。相反，上帝的愤怒是必需的，为了分配应得的惩罚。拉克坦西指责斯多葛学派没有意识到有两种愤怒，而正确的一种是“纠正错误”。[12]通过新的方式使愤怒合法化，这种说法打破了大多数早期的古代哲学论证。

古代世界一直有一种思想，证实了法官的愤怒。这就是为什么塞涅卡觉得有必要通过支持冷静的法官的想法来驳斥这一论点。拉克坦西论证的新意在于他强调上帝公义的愤怒与人类愤怒之间的联系，把人类愤怒当作上帝愤怒的镜像。他说，作为“复仇的欲望”，愤怒一直是恶行。但是上帝公义地对邪恶发怒；人类也有义务这样做。“我们奋起复仇不是因为我们受到了伤害，而是为了保持自制力，端正道德，镇压不法行为。这是正确的愤怒”。拉克坦西重写了亚里士多德和塞涅卡的旧定义，他们将愤怒定义为对伤害的回应。对于拉克坦西而言，“愤怒是为了抑制罪恶而被激起的情感”。[13]即便如此，他还是很快将人类的愤怒与神圣的愤怒做了对比，因为人类的愤怒从来没有像上帝的愤怒那样完美，也没有像上帝的愤怒那样与同情完美地融合在一起。

在拉克坦西所在的那个世纪里，罗马帝国正式成为基督教国家。奥古斯丁是希波（位于北非海岸，今阿尔及利亚）的主教，也是西方至少半个世纪以来最具影响力的神学家，他再次随意地借助于圣经。而且他也知道古老的哲学教义，并毫不犹豫地修改了它们。他给予人的意志新的关注点，使意志等同于或至少是情感的驱动力。他认为，当意志转向正确的道路时，所有的情感都是好的；当意志转向错误的道路时，所有的情感都是邪恶的。正确的道路是朝向上帝、上帝之城和天上的居所的。

那么对于奥古斯丁来说，所有的情感都与上帝有关（要么朝向上帝，要么背离上帝），愤怒扮演着尤其重要的角色。上帝对不公充满公正的愤怒，作为一种完全理性的判断，这种判断不受任何因素扰动，且完全不同于人类愤怒的方式。他的愤怒在圣经中用人类可以理解的语言得到表达，因此，它对地球上的生命产生了有益的影响，“圣经用这样的词从而让高傲者害怕，让无知者警醒，让追寻者有所收获，让思考者得到滋养”。[14]正如迈克尔·C.麦卡锡所观察到的，对于奥古斯丁来说，上帝的愤怒很像斯多葛学派的智者的愤怒，“他从不受到扰动，但给人展现愤怒的印象，因为这种愤怒对他人起到有益的作用”。[15]这样的作用之一就是鼓励人们为上帝而怒。这样人类的愤怒就可以被神性鼓舞。事实上，这种人类的愤怒可能表现出了上帝的愤怒，“当一个人看到有罪者逾越（上帝的）律法而认识到这律法时，在这个人的灵魂中就出现了上帝的愤怒这种情感”。[16]请注意奥古斯丁在这里是多么谨慎。公义的愤怒并不指向罪人，而指向罪本身。这种愤怒对有罪者和看到并惩戒罪恶的人来说都是治疗性的和有益的。这种愤怒有益于社会生活和地球上的正义，也预示着即将到来的天堂。

自此以后，情感尤其是愤怒，既遭受谴责又得到赞扬。即使是格里高利大帝这位将愤怒置于七宗罪之中，并且口若悬河地论述其可怕后果的思想家也承认愤怒有助于对抗罪恶，“由不耐烦所激起的愤怒是一回事，由热忱所引发的愤怒是另一回事。第一种愤怒源于罪恶，另一种则源于美德”。[17]我们不仅应该对自己的罪恶感到愤怒，还应该对邻居的罪恶感到愤怒。格里高利认为，即便是善意的愤怒，也感觉很像是恶意的愤怒，这样做也是正确的，因为当我们为罪恶而感到愤怒时，我们会变得困惑，无法正常思考。但这种困惑很快就会给更大的清晰让路。愤怒就像眼药水，它起初会模糊我们的视线，但随后会让我们看得比以往任何时候都更清楚。要让愤怒以这种方式发挥作用，那它就必须是理性的工具，而不是理性的主人。格里高利是迟疑的，因为他非常了解愤怒的力量——有时他自己也能感受到愤怒。因此，就像西塞罗建议他的兄弟冷静下来那样，格里高利也告诉“那些被正义的热忱所感动的人”，要等到他们冷静下来后再惩戒罪恶。[18] 但这并不意味着这些人永远不应该感到愤怒。

★

关于恶行和美德的系统性思想最初在很大程度上是修道院的专利，在那里，男男女女将自己的一生奉献给他们的圣召，并将自己隐藏起来，远离社会中的普通需求。但随着修道生活的声望越来越大，这种情况发生了变化，其思想和实践逐渐渗透到世俗的人的习惯中。在800年，法兰克国王查理大帝成为西方自5世纪以来第一位君主，圣经中的国王成了基督教统治的范例。查理大帝说他想在自己的帝国中制定上帝的法律。他雇用了将他视为宗教领袖的顾问，而且他还雇用了一些地方官员，这些查理大帝任命的官员想知道如何以德治国。以上这些是查理大帝的主要顾问之一阿尔琴为布列塔尼边界的伯爵圭多所写的关于恶行和美德的论文的写作背景。

作为伯爵，圭多被君主任命为维护和平的战士和法官。除了他本人亲自参加过战争这一事实外，他的职位与很久以前的罗马行省总督并无二致，西塞罗易怒的弟弟昆图斯就担任过行省总督这个职位。西塞罗曾建议昆图斯：“千万要小心控制你的舌头。”阿尔琴在这个话题上还有很多话要说，这是很重要的一点。他没有也不能够简单地谴责所有的愤怒。他也必须积极地鼓励愤怒。因此，当警告圭多不要生气并且要求他控制愤怒的时候，阿尔琴还谈到有一种很好的愤怒：“当一个人对自己的罪恶感到愤怒，对自己的恶劣的行为感到愤慨时，愤怒是正义和必要的。因为先知说过，愤怒，但不要犯下罪行。”[19]这里的“先知”指的是大卫，这个劝诫来自《诗篇》。对于滥用权力可能受限，而这个限制主要来自良心的人来说，这个劝诫是重要的建议。这是一个很好的例子，说明了希伯来语圣经的话语如何在约800年的时候渗透到中世纪早期的伯爵的阅读材料中。

圭多注意照做了吗？我们无从得知。但阿尔琴声称，圭多本人曾要求他写这篇论述，以便自己在“军事日常活动”之中找到便捷的指南来安抚他，并指引他上天堂。早在9世纪，就连世俗的人也开始担心恶行与美德。

在随后的几个世纪里，世俗的人以越来越高的热情吸纳基督教伦理的要旨。教会强调忏悔和赎罪，第四次拉特兰大公会议（1215年）要求每个人每年至少忏悔一次，这意味着虔诚的信徒必须记录他们的罪过。他们在这项任务中得到了大学学者和新托钵修会——主要是多明我会和方济各会的帮助，他们列举了所有可能发生的罪恶及其有害的影响。教授们写了论文，传教士——主要是托钵僧——将学术思想转化为所有人都能理解的简单的白话布道。基督教伦理不仅在教堂里传播，也在城市街道、贵族和皇家宫廷中传播。

在12世纪，特别是13世纪，论述恶行和美德的著作大量涌现。从6世纪到11世纪，塞涅卡的著作一直处于被搁置在一边的状态，而现在人们再次阅读他的作品；亚里士多德现存的著作得到翻译、研究和辩论。威廉·佩拉尔德斯创造了

"口舌之罪"这个特殊的罪的类别，他是一位特别受欢迎的作家，他关于美德和恶行的论文保存至今，且有超过500份手稿。这一论文经常被人翻译，有时被改编为"更简单"的民间版本，并不断被其他学者引用。佩拉尔德斯拒绝受格里高利七宗罪的约束，而是列举出九种主要的罪，从暴食开始，把骄傲放在中间，把愤怒放在最后。

与此同时，中世纪鼎盛时代的新兴商业化经济意味着一些财富当时源于金钱而不是土地所有权。与这种经济发展相关的道德议题导致一些思想家将贪婪而不是骄傲视为万恶之源。[20]在12世纪的百科全书插图中，有一种植物名为"邪恶之树；犹太会堂"，其根部不是骄傲，而是贪财，贪婪的孪生兄弟（见插图7）。这个植物结出的第一个果实是杀人和争吵，接下来伸出满载竞争、愤怒、绝望、纷争和嫉妒的枝丫，而它最顶端的果实是通奸、不道德、淫欲、憎恨和冲突。一方面，这种组合是"格里高利式"的，只是因为在代表愤怒的圆形物中，有格里高利称之为愤怒战士的同样的丑陋产物，即争吵、自负的心智、侮辱、叫嚣、愤怒的爆发和渎神的言行。另一方面，罪的数量激增，以至于一些评论者完全放弃了格里高利的模型，以十诫取而代之。这种做法尤其会出现在新教徒那里，他们努力将自己的宗教仅仅建立在圣经之上。即便如此，格里高利七宗罪的观念仍然存在，尤其存在于天主教国家和大众的想象中。

★

人们对愤怒罪恶的和高尚的特征的想法不仅是理论。这些想法也影响了人们的生活方式，人们向他人表达自我以及评判周围的人。

请思考一下叫嚣（clamor）的用处，它是愤怒任性的追随者之一。最初，叫嚣具有法律作用，当罗马请愿者向地方法官提出申诉或请求时，这被称为“诉讼请求”（making a clamor）。当人群聚集在地方法官的宝座周围，并且大喊大叫时，这肯定是叫嚣。但是，当格里高利大帝写到诉讼请求时，他的想法有些不同：人们那不受控制的思想频频作声，当愤怒的人滋养着自己的怨恨并且制造内心的“争吵及叫嚣的诉请”时，他们会争论不休。[21]

显然，安静的修道院容不下这种叫嚣。然而在11世纪和12世纪，修士们经常利用叫嚣向上帝和他们修道院的守护神诉请，修士们声称有些人掠夺了自己的财产，并侵入他们的圣地，修士们向这些人发动精神战争。为此他们有一套完整的仪式。修士们跪倒在祭坛前，向上帝祈求正义。有时他们将十字架和装有圣徒遗体的圣物箱扔在地上。他们说，邪恶的人正在“搅乱和打扰”修道院及其财产。修士们祈祷“上帝的所有诅咒”降临到他们的敌人身上，“愿他们的命运及其传承处于永火之中……愿他们在城市和田野之中受到诅咒”。[22]僧侣们希望他们的敌人被逐出教会——被排除在教会及其救赎圣礼之外。他们高唱赞美上帝复仇的圣歌。

很难说修士们的愤怒是正常的。他们把诅咒当作仪式的一部分吟诵，并记录下来，修士们不应该生气。但他们以上帝的名义表达愤怒，请求上帝保护自己人。修士们意在对邪恶的入侵者“纠错”。我们可以说，他们的愤怒是普鲁登修斯所说的无声而好战的愤怒。他们的目的是战胜那些掠夺圣地、抢夺上帝财产的凶残暴虐的骑士。他们要求的不是人类的权宜之计，而是上帝的公义。

简言之，与完全禁止愤怒的佛教不同，基督教推崇某种愤怒，这种愤怒针对的是错误的神及其律法。这不仅是亚里士多德所认为的正当的愤怒，还是绝对公义的愤怒。这种愤怒甚至比塞涅卡笔下的美狄亚的愤怒更正义，且美狄亚完成的是众神的复仇。这是因为基督教上帝的愤怒可以被理解为是有助益的，而非报复性的。

颇具讽刺意味的是，被修士们诅咒的“敌人”——骑士也恰好表达了愤怒，至少骑士们声称他们的愤怒是正义的。我们在那个时期的骑士诗歌中看到了绝佳的例子，它反映了（同时也批评了）骑士精神。在骑士诗歌中，中世纪的战士经常生气，他们同样经常祈求上帝强化自己的怒火。和修士一样，他们的愤怒往往关于土地——有人不正义地剥夺了他们的财产，他们没有收到被允诺的财产。当修士们诅咒并降下上帝的愤怒时，骑士们发动了血腥的战争。但两边都认为他们在做上帝的工作。

请想一下拉乌尔·德·康布雷（Raoul de Cambrai），他是12世纪末一首无名诗中的主人公。[23]他希望继承一些土地，但君主却把土地赐予了其他人。这首诗讲述了拉乌尔的愤怒，以及他试图通过战争和火灾获得他人继承权的努力。虽然诗人认为拉乌尔的愤怒是过度的，他的暴力行为是残忍的，但诗人也展示了拉乌尔是如何向上帝求助的，就好像他的愤怒是正义的。例如，在烧毁整座城市之前，“他以上帝及其仁慈发誓”。在此之后，他发誓“要以我对圣热里（Saint Géri）的信仰”继续与他的敌人作战，圣热里这位圣人在他心中尤为珍贵。

像这样的诗揭示，当谈到愤怒时，封建领主的情感共同体与修士的情感共同体非常相似，除了骑士会去打仗而修士通常不会之外。然而，这两个情感共同体都将上帝视为自己那一边的，这一点是相似的。他们也没有简单地等待上帝采取行动，骑士们会上阵、掠夺和放火；而修士们会向上帝呼告，把基督的十字架和圣徒的圣物箱扔在地上，并在祭坛前跪拜。确实，这些情感共同体部分相似是有充分理由的，修士来自骑士和贵族家庭，而领主是修道院财产的主要捐助者，修士为捐助者的灵魂祈祷。修士和世俗的领主住在同一个街区，彼此之间既是朋友又是敌人。

★

修士和领主是中世纪的社会精英。农民可能会愤怒，但他们的愤怒从来没有得到重视，被理解为是正义的。正如保罗·弗里德曼（Paul Freedman）所指出的：“愤怒本质上是贵族的特权。”[24]就像亚里士多德的世界一样，中世纪也是如此，有社会地位才会受到侮辱，而农民没有社会地位，因而没有荣誉。在传统的社会观中，有祈祷的人，有战斗的人，然后是（在最底层）工作的人。中世纪的诗歌和故事将农民描绘成粗鲁、愚蠢但通常都很温顺的人。一方面，他们可能会为某事大惊小怪以及感到愤怒，但当他们这样做时，他们要么显得无能为力，要么滑稽可笑，或两者兼而有之。另一方面，有时他们会联合起来，并且构成可怕的威胁，肆无忌惮地烧杀和抢掠，简直就像野象一样。

然而，随着城镇的兴起和新市民阶级（其中有许多人都比农村最富有的地主更加富裕）的产生，下层阶级逐渐获得了愤怒的权利。在14世纪和15世纪，百年战争造成的混乱在法国城乡引发了无数民众抗议。在巴黎，市民冲进了皇宫，通常与王室结盟的商会会长也加入了人群。商会会长跪下来与未来的国王交谈，要求他取消货币税，会长说，因为他们“以许多令人无法忍受的方式压垮了人民”。当抗议者发出“可怕的叫嚣”，发誓他们不再交钱时，会长的“演讲”才刚刚结束，人民“宁愿死一千次，也不愿遭受这样的耻辱和伤害”。[25]

这是“正义的愤怒”。巴黎市民不仅认为他们是正确的——甚至连塞涅卡和佛陀都知道愤怒的人总是认为自己是正确的——而且还认为他们自己是争取神圣公义的更大的斗争的一部分。大约在同一时间，英国发生了一场民众抗议，其中有一段押韵的短诗实际上预示着杰斐逊的“人人生而平等”这一说法：

> 当亚当种地，
> 夏娃纺线时，
> 绅士阶层在哪里？

侮辱、伤害和羞辱一直都是愤怒的序幕。我们已经在佛教中看到了这一点。但是除了人类的耻辱之外，基督教还增加了基督的经历——被鞭笞、被拒绝以及被钉在十字架上，为有罪的人类流血。基督徒在遭受侮辱和伤害时会想到基督，当他们叫嚣着要求赔偿时，他们声称要享有上帝的公义。当教皇乌尔班二世宣扬第一次十字军东征时，他为“被诅咒的种族”对东方的基督徒造成了影响这一罪行感到痛惜。但当转向他的听众——一群聚集在法国克莱蒙的教堂外的人群时，他又问道：“如果不是你的话，那么谁还有义务为这些错误复仇和收复这片领土？”他引用了福音书，以防有人因为家庭纽带而无法参加十字军东征，“爱父母胜过爱我的，不配做我的门徒”。他告诉聚集的信徒，他们必须搁置琐碎的争吵，与“邪恶的种族”开战。人群高呼“这是上帝的旨意”，乌尔班回应说：“让这句话成为你在战争中的战斗口号吧。”[26]

中世纪的正义之怒种类繁多，但是它们有某些可辨别的模式以及情感序列。首先是耻辱，在十字军的例子中，耻辱出于教堂的毁坏以及对基督徒的拷打、强奸和掠夺（乌尔班如是说）。接着是复仇，用复仇来纠正这些错误。复仇属于上帝，十字军被召集来帮助他。同样，当中世纪的僧侣们叫嚣着让上帝把他们的敌人投入“永火”时，他们通过象征性地羞辱他的圣徒和十字架，将这些扔在地上，来表现出对基督本人的羞辱。骑士、王公、君主和（最后轮到）公民将自己视为同一出超人类的戏剧的参与者。当他们抗议或反击时，就像谦卑的基督受到了羞辱一样，他们也是正确的（或者说他们自己是这样判断的），因为他们是站在上帝一边战斗。这种认为愤怒是正义的、热情的、高尚的和有用的观点在现代世界将大有可为。

第八章

道德情感

在16世纪和17世纪，从神学角度看待美德和恶行的传统逐渐消退。但这种观念留下了重要的痕迹，不仅因为七宗罪即便如今依然震慑着人们这一事实，而且还因为这种观念以“正义之怒”的形式出现。彼得·斯洛特戴克（Peter Sloterdijk）谈到了犹太教和基督教所共有的关于公义和复仇的上帝这一观念留给西方的“愤怒宝藏”。[1]我们继续为已经具有近乎神圣地位的那些理念和信念消耗这一宝藏的资源。

17世纪撕裂欧洲的野蛮战争清楚地表明，统一的基督教世界是失落已久的幻想，道德必须有新的立足点，必须同教会分离。然而，就此认为基督教从欧洲人的伦理思想中消失了，这样的想法是错误的。正如J.B.施尼温德（J.B. Schneewind）所指出的那样：“每一种忏悔形式都将一些观点视为基督教道德的核心，而一种道德哲学如果想要获得人们的广泛接纳，就必须至少为这一核心中的主要观点提供解释。”[2]但具体要如何去做呢？

一些哲学家诉诸“自然法则”。荷兰政治理论家雨果·格劳秀斯（Hugo Grotius，卒于1645年）认为，虽然民法可能有很多种，有些是为了利益而不是正义所制定的，但它是“人类生活在社会中的自然倾向”，[3]以及生活在和平中的自然倾向。这条自然法则是“正义的源泉”。它规定了我们不会拿走“别人的东西”，规定了我们会履行自己的承诺，而且我们还会给出“因自己（的过错）而引发的损失的赔偿”。格劳秀斯还打算让我们惩罚任何违反自然法则的人。显然，这些法则接近十诫，但对格劳秀斯来说，它们也是自然的，所有人都遵循这些法则，甚至那些不知道摩西律法传统的人。他认为任何损害正义源泉的事情都违背我们的“自然倾向”，尽管他知道我们的倾向中含有对享乐和“盲目的激情”的强烈兴趣。[4]这些不良倾向就是为什么人们必须制定民法，将自然法则具体化并确保这些法则。格劳秀斯形容起愤怒时没什么好话，愤怒在其最无法得到控制的时候便会导致谋杀，这是正义的对立面，而且总是违反民法。因此，国家法律是人类道德的核心，我们有义务遵守它们。但格劳秀斯认为，我们也有一些无法强制履行的义务，除非我们这样做是出于自己的内在意志，没有受宗教或民事强制。我们已经在婴儿身上看到“对他人做好事的倾向……而且在那个尚未成熟的年纪，同情心也会无处不在”。[5]格劳秀斯说，即使没有上帝（事实并非如此），这些所有观察也都是真实的。

通过将某些有限的道德归于自主个体而不是外部法律，格劳秀斯加入越来越多思想家的“合唱”中。其中一些人，即所谓的自我主义者，认为即使是人类的恶行也会导致一种美德。我们已经在笛卡尔那里看到了这种观念的微光。与笛卡尔同时代的托马斯·霍布斯（Thomas Hobbes，卒于1679年）对其做了更详尽的阐述，他认为如果放任人性，则会使人类的生活难以为继。人们在趋乐避苦的过程中不断竞争，这并不是因为他们永远不会感到满足，而是因为在自然状态下，没有什么可以确保他们能够保有自己所拥有的东西。为了摆脱没有律法的生活所带来的持续焦虑，他们不得不创造利维坦，即社会、国家及其规章制度。实际上，恶行的产物利维坦创造了美德。

愤怒在霍布斯的讨论中以两种方式出现。首先，霍布斯贬低愤怒，拒斥亚里士多德开创的悠久而丰富的传统。霍布斯说，传统定义毫无意义。任何人都可以看出，愤怒不是对轻视的反应，而是对我们前进道路上的任何障碍的愤怒，甚至是对"没有生命和没有意义的事物"的愤怒。[6]我们看到人们踢自己撞到的桌腿，像那样愚蠢的事情是愤怒的原因，而且这些事情一直在发生。其次，他非常重视愤怒，声称"很少有罪行不是由愤怒引起的"。利维坦必须通过制定打击犯罪的法律并惩罚违法者来对待愤怒的不良影响。[7]与其他所有恶行一样，愤怒揭示了法律对于美德来说必不可少的原因。

格劳秀斯和霍布斯都主要依靠法律来教导我们，遵循道德是值得的。但是大约同一时期的其他哲学家，即自治主义者，相信人们不需要外部法律，且人类具有指导自己的自律能力。实际上，为了涵盖大部分道德，这些思想家扩展了格劳秀斯所说的出于我们的意志而产生的责任。

自治主义者分为两个学派。有人认为，人天生就一定具备简单知识，这些知识必然将他们引向伦理真理，因为上帝不会以任何别的方式创造人类。另一派寻求道德完全世俗的基础。他们假设人性与艾萨克·牛顿所展示的物理性质一样统一且可预测。正如牛顿不得不想象出抽象的“理想条件”以得出他的三大运动定律一样，这些哲学家，特别是大卫·休谟（卒于1776年）和在他之后的亚当·斯密（Adam Smith，卒于1790年），创造了抽象的人的虚构形象，这种抽象的人按照特定法则运转。

休谟是这些思想家中的先驱，他从知觉开始，知觉被他定义为进入思维中的一切。直接知觉是“感觉和所有身体的痛苦和快乐”。那些涉及反思（观念的混合物）的知觉是“激情和类似它们的其他情感”。[8]愤怒是其中之一，正如在托马斯·阿奎那的体系中（尽管休谟会极力否认两者的相似之处），愤怒通常是一系列感觉的一部分，“悲伤和失望引发愤怒，愤怒引发嫉妒，嫉妒引发恶意，恶意再次引发悲伤，直到完成整个循环”。[9]人性是易变的，从一种印象到另一种印象。

易变听上去不是很有德性，事实上，基于我们“原始且自然的本能”根植于我们自身这一事实，休谟意识到他必须（或者说尽管如此也要）找到美德（和恶行）。由于这种本能，我们的天性将美德与愉悦、恶行与痛苦联系起来。休谟提出了一个思想实验：“让我们假设，我和一个我向来对他既没有任何友谊，也没有敌意情绪的人在一起。”[10]如果我赋予这个人令人愉悦的美德属性，我就会感到指向他的爱与仁慈。然而，如果我想象我的同伴有令人不快的恶行属性，那会立即让我感到憎恨和愤怒，即渴望“所恨之人的痛苦”，厌恶“所恨之人的幸福”。[11]这样，我对同伴是恶意的这一事情抱有自私的痛苦就成了我道德的来源。为什么仇恨和愤怒会以这种方式起作用？休谟将其归结为“我们天性中所赋有的一种随意的、原始的本能”。[12]他没兴趣推测是什么事物或什么人把这种天性赋予了人类。知道存在愤怒并且愤怒会产生后果就足够了。

其中一个后果是愤怒会让别人知道。所有的情感都是如此：通过天生倾向于同情他人，人类与彼此的情感产生共鸣。我们不仅会向他人传达我们的感受，而且还会根据周围的人调整自己的情感。“同情”现象很充分地解释了为什么“那些同一个民族的人在体液和思想转变上存在一致性”。人们会染上周围人的情感色彩。休谟写道，一位相熟之人开朗的样子“给我的心灵注入明显的满足和平静；同样，一个愤怒或悲伤的人也会突然给我泼一盆冷水。憎恨、愤怒、尊重、爱、勇敢、欢乐、忧郁，所有这些情感，我大都是从沟通中感受到，而很少是从我自己的天性或性情中感受到”。[13]早在“镜像神经元”的发现或“情感共同体”的思考之前，休谟就认为我们会与周围人的感受产生共鸣和呼应。

由于我们具备同情能力，当我们想到那些充满爱心和讨人喜欢的人时，我们的眼睛就会流泪，我们会感到愉悦，就像那些充满爱心和讨人喜欢的人会从自己的感受中获得快乐一样。愤怒和充满仇恨的人给我们带来痛苦和不安，就像他们自己也感到不安一样。在这两种情况下，当我们参与他人的感受时，我们会暂时忘记自己。我们的同情能力直接导致我们对他人的认可和反对，这是一种与“效益和利益”无关的道德感。[14]我们的感受是我们道德的来源，而非我们的理性。

愤怒对我们的道德情感至关重要。我们需要对邪恶的人生气，我们甚至可能需要把愤怒说出口。当人们以“较低的程度”感受和明智而审慎地传达愤怒时，这种行为可能是令人钦佩的。即使我们感受到的愤怒非常强烈，我们也必须认识到它是“我们的结构和组成中所固有的”。[15]诚然，当愤怒变成残忍时，它是最糟糕的恶行。但正是这种过度的行为激发了我们中其他人的道德情感，我们对受到这种残忍伤害的人感到同情。我们反对“犯有（残忍）罪行的人”，并产生了“我们在其他任何场合所感觉不到的那样强烈的憎恨”。[16]我们的道德感需要愤怒来让我们谴责，正如它也需要爱来让我们表达赞许。如果没有愤怒，我们就无法作出道德判断。

从表面上看，这种说法听起来有点儿像拉克坦西，他说如果上帝不能对恶人发怒，他就不能爱善人。但休谟论证的基础完全不同。拉克坦西的上帝对什么是美德、什么不是美德有神圣的评判标准，休谟的道德则植根于人性及其同情的能力。同情是创造和维持人类社会的情感。让我们想象一下自己生活在“自然状态”中。在那种情况下，在社会形成之

插图1　《死亡之神的毁灭者——阎魔德伽》(西藏，18世纪初)。他有着类似公牛的头颅，三只可以伸缩的眼睛，白色的獠牙以及深蓝色的皮肤，尽管如此，人们认为这位愤怒之神不带有仇恨。他践踏了代表人类死亡之源——自尊的尸体。密宗仪式上会用到这幅绘于巨大的织物上的画。

插图2 《美狄亚计划杀婴》（狄奥斯库里之家，庞贝，1世纪）。当美狄亚的孩子们在玩游戏，而孩子们的导师看着他们时，美狄亚在旁边站着，伸手去拿剑柄。这幅画大约形成于塞涅卡写戏剧《美狄亚》的时期。在这幅画中，美狄亚的愤怒转化成了忧郁，对于一个即将破坏家庭所有宁静的女人来说，这种情感是合适的。在这幅壁画原先所在的环境中，这幅壁画装饰在一所私人住宅中，被放置于另一幅壁画的对面，而那幅壁画描绘了完美妻子和母亲——安德洛墨达（Andromeda）。

插图3　《圣彼得打恶魔》(英国，11世纪)。在仁慈的天使的注视之下，圣彼得和恶魔为了一个灵魂打架。圣彼得用他巨大的钥匙打中恶魔的脸，赢得了这场拉锯战。在画面的右侧，有翅膀的恶魔拖走了两个迷失的灵魂。

插图4　《愤怒》(老彼得·勃鲁盖尔，安特卫普，1557年)。愤怒主宰了这幅光景，其中充满凶残的动物、争斗的人们和暴力的恶魔。她嘴里含着一把刀，这是对口舌之罪的强烈野蛮状态的形象表现。在她的身下，全副武装的人拖着一把更大的刀，一边走一边切开尸体。

插图5　《愤怒之死》（德国南部，9世纪）。这幅画描绘了普鲁登修斯的一首诗里的内容，（从右到左，从上到下看）展现出愤怒的剑在忍耐的头盔上碎裂。因此被击败的愤怒倒在自己的矛上自杀。在画面底部，忍耐细致地用矛尖戳尸体，以检查愤怒是否真正死亡。

插图6　《恶行之树》（德国，13世纪）。在恶行之树的描绘中，正是“巴比伦的金杯”（《启示录》17:4）——骄傲支撑着树的根。愤怒是骄傲的第一个恶果（在左侧），它自身又孕育出了七个更加激烈的分支：渎神、轻视、悲伤、暴怒、叫嚣、争吵和侮辱。

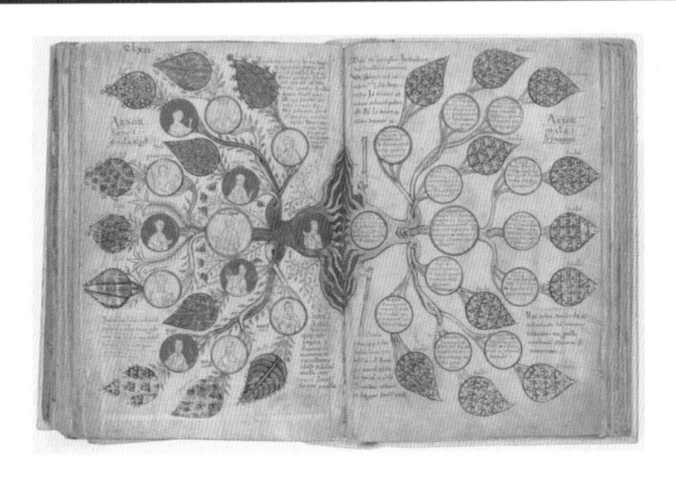

插图7　《善之树》/《与教会在一起的邪恶之树》/《犹太会堂》（法国北部，12世纪）。左页是所有慈善开花的果实，在这里等同于教会。右页是贪婪干枯的果实，早在这个时期就已经与犹太会堂联系起来了。愤怒及其所有的后代（争吵、叫嚣等）都是贪婪的第一代果实。图中有两把斧头准备从根部砍倒邪恶之树。

插图8　《迪歇纳老爹勃然大怒》(巴黎，1794年)。愤怒在这里完全被讽刺为“迪歇纳老爹”，这是雅克·勒内·埃贝尔的笔名，他在报纸上猛烈嘲笑和斥责他同时代的政治人物。该人物蓬乱的头发和痛苦的表情回应着插图5，在插图5中，普鲁登修斯的手稿描绘出愤怒的形象。这幅图像代表了对愤怒的反击，现在它与法国大革命的过分行为联系在一起。

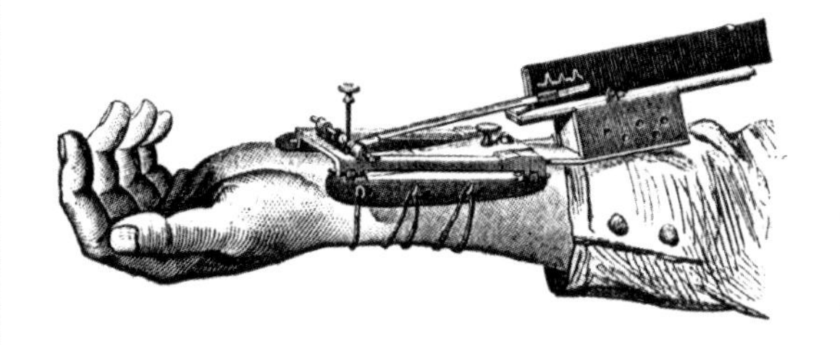

插图9

《脉搏描记术》（巴黎，1878年）。19世纪中叶，人们发明了一个固定设备来测量血压。艾蒂安-朱尔 · 马雷（Étienne-Jules Marey，卒于1904年）设计了这里所显示设备的便携式版本。马雷脉搏描记术固定在手臂的桡动脉上，记录了与脉搏相对应的波动。许多科学家认为各种波形模式将提供情绪的客观读数。

插图10　《“义愤”的表情》（纽约，1914年）。在关于情感表达的一项研究中，安托瓦内特·费莱基使用了86张不同“情绪摆拍”的照片，这是其中之一。这个女人被标识为A. F.（可能是研究者自己），在摆拍这个表情时，费莱基要求模特回忆起“义愤”的思想和感觉。在后来的一项研究中，费莱基测试了与各种情感相关的呼吸变化。她是至今仍十分活跃的一项科学运动的参与者，该运动旨在寻找可预测的、可测量的各种离散情感的身体信号。

前，我们只能被自爱驱动，不存在其他的道德评判标准。自私将成为一种美德。但我们并非生活在自然状态中，因为经过启蒙的自爱导致我们创造了一种自私的更好形式——一种让我们能够和谐共处的规则。当我们爱善好的时候，我们就会爱那些遵守这些规则的人；当我们对恶人生气时，那就是因为他们违反了我们有益的社会习俗。我们的道德源于我们人类所创造的社会，而愤怒对此至关重要。

亚当·斯密与休谟所持有的人性观念非常相似。在休谟之后大约10年，亚当·斯密在写作过程中也关注到同情，“我们对任何激情的同情”是社会和谐的源泉。[17]然而，他强调（比休谟更强调）我们的自爱不断侵入的方式。我们必须努力想象，将自己置于另一个人的位置上，而这种努力只能是暂时的。[18]尽管我们急于让我们的激情以自己所感受到的相同程度反映出来，但我们学着把这些激情“扁平化”，以便其他人更易于理解和感受到它们。我们觉得有必要减轻其他人通过想象“成为我们”这一任务。

★

现代的研究者似乎都以关于“情绪传染”的科学实验证实了休谟和斯密关于同情的观念。大多数此类研究都涉及面对面的接触，或者至少包括声音和手势在内的接触。但脸书赞助的一项研究报告称，单靠文字也可能达到理想效果：当朋友的动态消息被调整为仅包含“负面情感”（负面情感词）

时，浏览者倾向于在自己的帖子中表达负面情感，而含有“积极情感”的消息推送则让浏览者更易于流露出愉快的感受。在这项研究中，愤怒被认为是一种消极情感。[19]

但是，现代情绪传染的概念与18世纪的同情理论之间的差异亦与它们之间的共性一样重要。以斯密为样本来说，我们看到了一个需要时间的调整过程：你同情我的感受，但因为你的感受没有我的强烈，所以我反过来调整自己的感受来配合你的感受。此外，根据斯密的说法，愤怒的情感比其他情感要求更高。我们坚持让朋友分担我们的怨恨，而不是关心他们是否共情我们的快乐。然而，愤怒的情绪是最难引起共鸣的，因为我们最初的冲动是同情愤怒的受害者。

愤怒的情感也很难让人同情，因为它们通常是令人不快的。请回想一下，亚里士多德认为愤怒既充满痛苦又令人愉悦，休谟和斯密不得不考虑这一点。他们限制了愤怒令人愉悦的时间；但他们也承认愤怒在其道德角色中有一些乐趣，用斯密的话来说，愤怒是“主导着追求最大伤害的高尚而慷慨的怨恨”。那种对复仇和惩罚的狂热是近神的愤怒。观察着这种愤怒的公正的人也会因此而高兴。[20]

大多数现代心理学家认为愤怒是一种纯粹的“消极”情感。当他们想象愤怒在由痛苦到快乐的轴上的位置时，他们会在不愉快的一端看到它。但最近该轴的创造者之一詹姆斯·罗素（James Russell）提出，一个人可能会感到愤怒，但认知上却将导致愤怒的刺激物评估为令人愉快的事物。他想到了一种复杂的情绪，比如人们对一部好电影中的“坏人”

生气。[21]这是对愤怒乐趣的妥协。但这与斯密的“高尚而慷慨的怨恨”相去甚远。

★

在18世纪的法国，赋予愤怒高尚的可能性被无数作家所接受。正是在这种环境下，诞生于中世纪的“人权”话语蓬勃发展。让-雅克·卢梭在他的小说《爱弥儿》(*Émile*）中观察到有一个孩子被他的保姆打了。卢梭写道:“我以为（孩子）会被吓倒，我心里想，他将来会有一个奴性的灵魂……但我想错了。这个可怜的男孩气得快要窒息，无法呼吸了，我看见他的脸都变青了。隔了一会儿，他大声地哭起来。他的语气里充满了这个年纪的孩子的怨恨、愤怒和失望……如果我怀疑过在人类的心中是不是天生就有正义感和非正义感的话，单单这个例子就足以使我消除怀疑。”[22]后来在同一部作品中，卢梭明确表示他在提到“男人”时也考虑到了女性。苏菲就是他的女性典范，除性别之外，苏菲在所有方面都像卢梭笔下的男性普通人爱弥儿一样，“她也有同样的器官，同样的需要和相同的能力”。[23]诚然，性别很重要：苏菲和所有女性一样，这意味着（卢梭认为）她们通过服从男人来为共同利益作出贡献。但是上帝给了她与男人一样的激情和正义感。当苏菲的情人爱弥儿未能赴约时，她感到被背叛和愤怒。然后当她得知他是为了帮助受伤的男人而忽视她时，她的怒火便消散了。

在卢梭及其同类的熏陶下长大，下一代人将他的自尊感（孩子被打时的愤慨，苏菲被忽视时的愤慨）与正义的愤怒融合在一起，这种愤怒反对剥夺大多数人权利的社会不公正行为。用帕特里克·科尔曼（Patrick Coleman）的话来说，由此产生的融合是“一种被赋予了近乎神圣意义的伟大情感”。这种愤怒有助于促成法国大革命并为其正当性辩护。[24]

在1789年至1794年的法国大革命期间，愤怒在法国话语中的地位显著提升。那个时期产生的许多材料的例子显示，术语“*colère*”（英语词汇中的“anger”以及相关词——怨恨、怒气、狂怒等词的法语同义词）的使用频率显著增加。[25]

“*colère*”一词使用频率最高的一次是在1793年9月，当时这个词出现了12次。这也是英语中的“rage”（愤怒）一词达到最高使用频率的时候，出现了25次。同月，它们加在一起的使用频率恰好比“*liberté*”（自由）一词高一点（34次）。然而，自由是革命的集结号。这些数字并不多，但确实表明了一种趋势。在革命的档案中，这种自由派的背景充满了愤怒，其中包括1793年3月开始的恐怖统治，与其他欧洲国家持续的战争，并在8月首次开始大规模征兵。在1789年大革命的初期，米拉波伯爵奥诺雷－加布里埃尔·里克蒂（Honoré-Gabriel Riqueti）警告人们要警惕“常常毫无正当理由的愤怒”。[26]到了1793年，大众的愤怒已经变得像十诫一样神圣。因此，在9月初的国民大会上，巴黎公社的一位发言人发表讲话，力劝议会中最激进的成员，即“山岳派”，要“成为法国人的西奈山”。他们应该像上帝一样，在自己所处的顶峰上，“在雷霆之中发布永恒的正义法令，行使人民的权利……正义和愤怒的时刻已经到来”。[27]同月晚些时候，一位当地代表向他所在地区的公民发表讲话：“法国人民在最可恶的奴隶制的枷锁下屈服，被暴君及其同谋者的罪行和恼怒压迫得疲惫不堪，在1789年7月14日起义吧，砸碎法国人民的枷锁，在法国人民正义的愤怒中攻占巴士底狱。”[28]那一年，“正义的愤怒”这个词经常被人们重复提及。“神圣的愤怒”也是如此，因为在8月20日，在庆祝共和国的盛会上，代表君主制的旗帜在火焰中没能很快升起。“被神圣的和爱国的愤怒所控制的愤慨”的官员将横幅撕成碎片。[29]可以说，斯洛特戴克的正义的愤怒的“宝藏”为这场表演提供了支持。

“暴怒”这个词在这些史料中通常没产生什么好的结果。人们通常把它与侵略军、暴君和叛徒联系在一起。即便如此，有时也可以谈及“正义的愤怒”，就像在1793年9月中旬，“吉伦特派”的夏洛特·科黛谋杀了“山岳派”的马拉之后，“科菲纳尔（法国南部的小村庄）的村民”寄给国民公会的一封信中所写的那样：“马拉死了！哦，刺客！如果你用自己所杀害的受害者的重要性来衡量你的战利品，那么你从来没有像现在这样辉煌地取胜过……但请允许我们平息自己的暴怒，爱国主义将永远在废墟中存活。”[30]

“山岳派”在一年之内被推倒，恐怖统治结束了，讽刺作家开始讽刺“迪歇纳老爹勃然大怒”（The Great Anger of Père Duchesne）。插图8大约可追溯到1794年，上面是一位显然已经疯了的年轻人，泪水打湿了他的头发。在匆忙之中，他撞翻了座位，而看守他的狱卒愉快地微笑着。这位年轻人即将被处决。事实上，所谓的迪歇纳老爹就是雅克·勒内·埃贝尔（Jacques René Hébert），他是激进的记者，他把作品发表在激进的报纸《迪歇纳老爹》（*Le Père Duchesne*）上。他的讽刺作品很粗俗，并且非常受欢迎，充满了对同时代人的严厉攻击。1793年，他在一篇典型的文章中写道："哦，快，准备断头台。"敦促人们处决"叛徒"屈斯蒂纳将军（General Custine），他的呼吁得到了响应。[31]但埃贝尔本人在次年也被送上断头台，这就是插图8所表现的场景。

★

对于在海峡对岸观看这些事件的许多英国人来说，法国大革命证明反抗的愤怒从来都不是道德的，不是正义的，当然也不是神圣的。威廉·华兹华斯（William Wordsworth，卒于1850年）在一首自传性质的诗歌中写下了他在法国大革命期间作为法国居民的感受。起初，他对特权的终结充满热情。但是面对恐怖和战争，他只能想到：

被煽动的土地变得混乱，
少数人的罪行蔓延开，
成了多数人的疯狂，
来自地狱的风变得神圣，

好像天堂吹来了空气。

他指责“盲目的愤怒或傲慢的脾气”。[32]华兹华斯在1805年写下这些诗句，但他回溯过去，就好像这些诗句是他对1793年7月那次事件的回应。革命者正在谈论他们的“正义的愤怒”。

在大革命之后，英国作家将愤怒分为两种情感，一种是善好的（愤慨），而另一种是坏的（盛怒、暴怒）。埃德蒙·伯克（Edmund Burke）在其颇具影响力的《法国革命论》（*Reflections on the Revolution in France*，1790）中只提到了一次善好的怒：在他抨击革命的过激行为的最后，他将自己描述为“这样一个人，在他的心胸中，除了他所认为的暴政之外，从不曾点燃过任何持久的愤怒和激情”。[33]他否认革命者有任何这种激情，他指责革命者在反抗他们的“合法的、温和的君主”时产生“暴怒、愤慨和侮辱”的情感。[34]他说，历史如果被滥用，就会变成武器库，“提供维持生命或复活、争吵或憎恶的手段，并为公民的愤怒火上浇油”。他指责人类的“傲慢、野心、贪婪、报复、欲念、叛乱、虚伪、失控的狂热和一大串无序的欲望”是每个国家的祸患。[35]实际上，这是格里高利大帝的愤怒的追随者的列表，“争吵、自负的心智、侮辱、叫嚣、愤怒的爆发和渎神的言行”。但现在，这些罪行带来的是国家的毁灭，而不是罪人个人的毁灭。

与此同时，正如安德鲁·M.斯托弗（Andrew M. Stauffer）所指出的，愤怒善意的一面通常被称为“愤慨”。[36]伯克诉诸休谟和斯密识别出的人类的同情心和情感。当需要做出改变时，人们会知道：“明智的人会根据事件的严肃程度来确定（是否运用愤怒）；易怒的人会根据对压迫的敏感度来确定；而高尚的人则会根据对不值得的人滥用权力的蔑视和愤慨来确定。”这些都是充满美德的，但革命必须是“思想和善好的最后手段”。[37]在评论没收法国天主教红衣主教的财产时，伯克写道：“当人们听到对这些人提出的控告，并且没收他们的财物时，能不感到愤慨和厌恶吗？谁在这种情况下不产生这种情绪，他就不是一个人了。”[38]对于伯克来说，愤慨与愤怒完全不同，虽然两者都可以归入包罗万象的“愤怒”，但它们并不相同。

伯克写下了反对大革命中的愤怒的长篇大论，这篇文章引发了支持和反对在法国所发生的一系列事件的回应热潮。正如托马斯·潘恩（Thomas Paine，卒于1809年）在反对伯克的长久论战中所说，所有人纷纷为自己占领制高点，全都指责其他人怀有“狂热的激情”。[39]就像在今天的美国一样，在英国，与伯克同时代的一些人担心政体过于两极分化，以至于人们不再作理性讨论。

潘恩本人早就采用了道德情感的修辞来促进美国的独立。在他的殖民地畅销书《常识》（*Common Sense*，1776）中，他唤起了“感觉的力量”，把它当作“全人类”的天赋。[40]这样做标志着他在态度上的重要转变。殖民者按阶级和种族划分美洲殖民地中的居民，在潘恩之前，只有拥有财产的白人男性阶级声称自己拥有高尚的道德情感，却否认其他人也能感受到这些情感。殖民者利用了自己关于“炽热情感”的丰富词汇，用微妙的和判断性的词汇来指称自己和他人。妮可·尤斯特斯（Nicole Eustace）仔细地考察了证据，尤其是在殖民时期的费城中的证据。“人们会根据各种各样的标准评判那些表现出类似愤怒的情绪的人，包括从充满奴性地发脾气到充满野蛮的攻击性，再到体面的判断”。[41]每个词都表达了一种特定的社会偏见，尽管其总是充满争议且易变。

在英国也是如此，一方面，“愤慨”一词是为那些其愤怒是有尊严的、光荣的和正义的人所保留的。“怨恨”是另一个这样的词，几乎总是有财产的人才能如此自称。另一方面，对待女性，即使是社会地位高的白人女性，人们也很少说她们是“怨恨”的。她们中很少有人拥有财产，而且能获得与同龄男性同等荣誉的人则更少。就像亚里士多德笔下的古代雅典一样，愤慨这样的愤怒是处于被轻视地位的人的特权。

“放纵”、“不节制”和“狂热”的愤怒是专为下层阶级、罪犯和黑人而设的词汇。而且根本没有人会谈论黑人女性的愤怒，她们既没有财产也没有荣誉，也许她们在费城通常扮演的是家庭用人的角色，这意味着察觉到她们的愤怒会带来极大的威胁。同样地，人们也几乎没有提到印度人也许会生气的可能性。贵格会彻底否定愤怒，就像古代的佛教徒一样，尽管前者出于不同的原因。贵格会教徒将《登山宝训》中对爱的告诫视为永不发怒的诫命，他们的生活（正如他们的长老所说），“与肉欲、虚荣、骄傲、精神上的痛苦、堕落、憎恨和愤怒相对立”。[42]

但在大约1750年之后，休谟和斯密等苏格兰道德哲学家的思想跨越了大西洋。他们关于“人性”的概念很“畅销”，并进入费城学院的课程中。这个概念让所有社会阶层都变得平等，甚至还暗示了种族和性别的平等。与此同时，愤怒本身正在被重新评估，它与暴力的关联现在已经恢复，使人联想到战争中的力量、英勇和成功。人们突然称赞印第安人很愤怒，边境上的移民开始自称他们是带有怒气的、愤怒的甚至是暴怒的。1759年的一篇报纸文章称赞了胜利的英国军队（此时仍与殖民者结盟），因为英国军队中的士兵“用猛烈的攻击将法国人赶出了他们的防线”。[43]

★

一方面，这种愤怒是高尚事业的兴奋剂；另一方面，它又是引发分歧的冲动的破坏性手段，它在两者之间的这种摇摆一直持续到今天。现代道德哲学家试图解决这个问题，在这个过程中试图使现代心理学的发现适应伦理问题。扎克·科格利（Zac Cogley）就是一个很好的例子，他认为当（且仅当）愤怒能够很好地实现其全部三个作用时，它才是美德，即正确评估错误行为，激励合适的行为和得到精确的传达。[44]当愤怒走向两种极端时，它就是恶行。两种极端一方面是懦弱和被动，而另一方面是暴怒和攻击性。科格利的观点介于亚里士多德对愤怒的狭义解释以及苏格兰哲学家的普遍辩护之间。科格利说，要让愤怒变成美德，它就必须正确评估“不当行为”，并且愤怒的强度必须与伤害的严重程度相符。弗雷德里克·道格拉斯（Frederick Douglass）和小马丁·路德·金是科格利的“美德榜样”。他们的愤怒是合乎道德的，因为他们所抨击的制度非常不公正。

但是，出于正当理由的愤怒也必须促使人们采取行动——为变革而抗议和努力，“劝阻他人不要做出不当行为并（通过隐含的威胁）鼓励他人做出有益的行为”。科格利说，这是“坚决的抵抗”，他援引了金的工作当作例子，金将“贫民窟尚未充分发展的愤怒内化为建设性和创造性手段”。[45]

像亚里士多德和苏格兰哲学家一样，科格利认为愤怒的判断对道德至关重要。他诉诸行动和沟通的说法可以追溯到休谟和斯密的同情概念。他也观察到，我们不是在空虚中感受到自己的情感，而是会根据周围的人调整自己的情感，并让他们也适应我们的情感。然而，最后科格利揭示了我们如今距离道德情感理论背后的最初假设相去甚远。休谟和斯密深信，所有人类都有相同的激情，当这些激情在法律和社会规范之下得到表达时，它们之间既相似，又合乎道德。他们不需要像道格拉斯和金这样非凡的英雄为他们来提供美德之怒的榜样。

在《追寻美德》（*After Virtue*）中，阿拉斯戴尔·麦金太尔（Alasdair MacIntyre）哀叹我们失去了“不受个人情感影响的标准，我们使用这一标准让道德分歧可能得以理性解决”。他说，直到19世纪哲学突然开始产生相互竞争的思想流派之前，这种标准都还存在。[46]他因我们今天刺耳而不和谐的声音指责这些哲学流派，它们都声称我们的愤怒是正义的。在麦金太尔之后，科格利试图找到新的“不受个人情感影响的标准”，以便我们可以纠正出于美德而实施某种愤怒的行为，出于恶行而实施另一种愤怒的行为。

但是，有一种不受个人情感影响的标准“就在某处”，在某处的这种想法实际上可能是如今愤怒刺耳而喧闹的原因。亚里士多德首先提出了人类有美德的愤怒的可能性，这一可能性在中世纪神学中被混淆起来，与上帝的义怒以及我们人类在感受和表达愤怒以反对违反神圣律法的人的角色相混淆。即便在很久以后，苏格兰哲学家将充满美德的愤怒与上帝的指示分开，尽管如此仍然保留下了绝不允许犯错的绝对正义感。（相比之下，亚里士多德认为美德可以根据特定情况进行调整。）

我们也承认，所谓不受个人情感影响的标准从来都不是不受个人情感影响的。亚里士多德对充满美德的愤怒的定义可能是灵活的，但即便如此，它适用于古代城邦中一个非常小的绝对精英阶层，而且全是男性。中世纪的观念适用于更多的人，但必须是基督徒（而且只是某一类基督徒，信奉天主教的人），而且在大多数情况下，这些基督徒必须是男性，并且拥有自由身份：骑士和领主，神父和主教。当休谟和其他道德哲学家打破上帝定义的美德标准，诉诸人性提出普遍的模板时，他们仍然认为由此产生的道德将反映上帝的正义。他们的“同情”接近于“爱人如己”，这并非偶然。

★

真正的问题不在于我们失去了不受个人情感影响的标准，而在于关于正义的愤怒的观念。如果我们不相信我们的愤怒是正义和充满美德的（而“他们的愤怒”不是），如果我们承认我们可能是错的，那么我们的声音就不会那么不和谐。事实上，这本书提供了许多不同方式让我们思考自己的愤怒，这些方式并不声称恰当地感受愤怒就一定是道德的——我们可以借用各种各样的传统来感受、理解和处理我们的愤怒。愤怒不一定是正义的才重要，才需要得到注意，才应得到我们的兴趣或关注。无论愤怒是美德还是恶行，是道德还是不道德的情感，它只是一种继承下来的观念，继承于许多关于愤怒的观念中往往最有害的那些。

第三部分

自然的愤怒

第九章

早期医学传统

如果愤怒是自然的，是人性的一部分，那么我们就没有理由想象自己会拒斥愤怒。甚至赋予其道德价值，无论是好的价值还是坏的，都没有多大意义。如果愤怒是自然的，那么我们能做的最好的事情就是了解它，它存在于何处？它是如何产生的？它是如何运作的？我们又该如何控制它？

作为某种偶尔对我们的身心有害的事物，愤怒长期以来一直是医学从业者关注的问题。西方从3世纪到18世纪，有关愤怒在健康中的作用的流行观点主要源自盖伦的许多著作。在《医学的艺术》（*Art of Medicine*）中，这位颇具影响力的医学思想家和从业者将愤怒与其他所有情感一起分类，将愤怒列为对健康至关重要的众多因素之一，无论是以有益还是有害的方式影响到健康。这些被盖伦称为“卫生学”要素的因素后来被编为“六种非自然因素”：（1）空气和环境；（2）运动和休息；（3）睡眠和清醒；（4）食物和饮料；（5）保留物和排泄物；（6）“灵魂中的激情”——情感、愤怒都在其中。这六种因素全都会改变我们的身体。它们在合适的时间，以正确的数量帮助我们保持健康。但当它们过多或不足时，就会使我们生病。盖伦认为，显而易见的是，我们应该“远离所有精神中的激情的不平衡——愤怒、悲伤、喜悦、激情、恐惧和嫉妒”。[1]

请注意，盖伦并没有说我们应该避免激情本身，而是要提防它们的“不平衡”。他教导说，像所有物质一样，身体由四种基本元素组成——空气、水、火和土，每种元素都与特定的性质相关：空气是冷的，水是湿的，火是热的，土是干燥的。人体有与这些元素相关的四种体液：心脏的血液是热的和湿的，肝脏的黄（或红）胆汁是热的和干燥的，来自脾脏的黑胆汁是冷的和干燥的，以及大脑的黏液又冷又湿。身体健康是这些体液及其所代表的元素正和谐地正确结合的产物。正常男性的身体是燥热的，相比之下，正常女性的身体则又冷又湿。然而，每个人都有自己的恰当的平衡。

像愤怒这样的情感能够改变身体的热、冷、湿和干。但它是如何改变的？盖伦写道，愤怒是“心脏中的一种热的沸腾”。心脏剧烈跳动，愤怒通过动脉中的血液和精气向外散发，使身体发热。通过这样，愤怒改变了身体的混合物。这可能对身体有好处，但也可能导致严重的疾病。当人们陷入热烈的争吵和愤怒时，他们体液的平衡就会发生变化。人们变得“多胆汁”——体内充满了又热又干的肝脏胆汁，这可能会引起发烧，是一种危险的情况。但不怎么愤怒也是有害的，当人们从不争辩、从不发怒时，他们的身体就会变得寒冷，充满黏液，导致“肝脏梗阻……和癫痫症”。同样糟糕的是缺乏愤怒的精神影响，“理智散漫，心灵缺失，灵魂完全缺乏精神”。[2]我们需要适当的愤怒才能在早晨起床并度过这一天。

所有的激情都有可能破坏身体的正常状态，但每种激情都是以不同的方式做到这一点的。医生通常可以通过了解与疾病相关的各种脉搏来诊断疾病。一个脉搏强劲而搏动较少的人很少会生气，但如果他最终被迫发怒，他会比常人更长时间地生气。[3]盖伦写道：“愤怒时，人的脉搏强劲有力、迅速且频繁……在突然而猛烈的恐惧中，（脉搏）变得迅速、激烈、紊乱、不均匀。”盖伦告诫说，但我们要注意，有些人希望隐藏他们的愤怒。尽管如此，他们还是通过“不均匀”的脉搏泄露了自己的愤怒，我们可以把它与焦虑的人更不均匀的脉搏区分开来。[4]盖伦并没有吹嘘受过训练的医生可以基于脉搏实施测谎实验，但他离这样做已经不远了。

鉴于非自然的因素具有改变身体中的混合物的潜力，难怪盖伦写了很多有关以恰当方式进食、入睡、锻炼等的文章。这些事情相当容易控制：测量自己的食物，计算自己的睡眠时间，记录自己的运动量。控制愤怒的正确次数远没有那么显而易见。盖伦的许多建议是从塞涅卡和其他古代作家那里借鉴而来的，用来确保适当的愤怒程度。他规定了适当的教养方式、习惯性的自控、依赖值得信赖的监督者的检查、日常自我评价、舒缓的音乐、有益的阅读、睡眠等。事实上，在伦理学著作中，盖伦采取的立场与斯多葛学派非常接近，因为他是明确认为某些愤怒是自然且必要的医生。

比较盖伦的思想与哈佛大学哲学家和心理学家威廉·詹姆斯（William James，卒于1910年）的理论是很令人受启发的，后者的理论更加现代。因为詹姆斯也将激情置于身体中，并认为思考在情感的形成中没有任何构造作用。在詹姆斯看来，只有当我们感受到自己的情绪“所特有的身体症状”时，我们才会意识到自己的情感。例如，如果我们试图想象愤怒，而不去想象它的身体的伴随物，即“胸腔没有沸腾，脸颊没有潮红，鼻孔没有扩张，牙关没有咬紧，没有采取剧烈行动的冲动”，那么我们最终根本无法想象到愤怒。[5]

胸腔的“沸腾”，心脏周围“沸腾”的感觉，热血涌向面部导致脸红，所有这些表现都是盖伦的观点，在1884年詹姆斯写作时，这些观点仍然有效，尽管人们早已把盖伦的著作从医学的课程中删除。尽管如此，以英语为母语者仍然使用诸如“你让我热血沸腾”和“她心急火燎”之类的表达方式。[6]然而如今在盖伦的遗产中，最为历久弥新的观点是，情感是我们生理机能的一部分，科学家可以通过脉搏、皮肤电导等的变化来研究情感。但盖伦绝不会认可的是，将肉体和灵魂分离开的这种方式。

★

在中世纪，无论是不是书本知识，盖伦理论中的一部分都是医学实践的一个方面，且其中有一部分是学校正式教学的主题。在早期，人们将盖伦系统的思想做了简洁的总结，将其简化为一些方便使用的公理，而体液作为人类健康和脾气的主要原因，发挥着更重要的作用。包括暴躁易怒的倾向在内的不同类型的性情是由人类普遍的体液感觉所决定的。虽然盖伦欣赏多种体液平衡，但中世纪的医生倾向于将“乐观”（温暖和潮湿）的状态指定为人体最佳状态。但他们对此并不是教条的。

例如，在愤怒的问题上，对早期中世纪医学知识的“要点”进行总结的《医学艺术的智慧》（*Wisdom of the Art of Medicine*）称，暴躁的人的“面色”（体液的混合体）被热而干的黄胆汁主导，他们“脾气暴躁、多变。但在其他时候则不太说话，据说少言寡语……这些人通过冷水恢复了健康”。[7]即使在这段简短的段落中，我们也可以看到，暴躁的人只是有时脾气暴躁，在其他时候他们则少言寡语。中世纪的体液理论并不是预先确定的人格类型的理论。

12世纪末，随着欧洲大学的兴起，医学逐渐与哲学、神学一起成为一门学科。在伊斯兰世界，盖伦的理论当时已经获得了接受评论和阐述的杰出传统。我们在摩西·迈蒙尼德（Moses Maimonides，卒于1204年）的著作中瞥见了这种复杂性。

摩西·迈蒙尼德是一位著名的犹太拉比，也是埃及苏丹萨拉丁的宫廷医生。在写关于健康养生的文章时，迈蒙尼德强调了情感的重要性，因为它们“在身体中产生了巨大的、清晰的、对所有人来说都显而易见的变化”。他针对各种性格类型都有复杂的治疗方法。例如，对于那些“温和”的人，换句话说，不容易生气的人，他推荐一种健康的调和物，其中包括一些珍珠、琥珀、珊瑚、烧河蟹和牛舌草（草药），黄金和百里香（寄生植物），麝香、罗勒和香蜂草种子，藏红花、肉桂、红玫瑰，皆入丸或与蜜揉。[8]

由于这种调和物对于“增强心脏”非常有效，迈蒙尼德提倡将其当作基本配方，然后可以根据易怒患者的特殊需要进行调整。对于那些“脾气很差、热血”的人，他建议减少藏红花和麝香的用量，不用百里香，并添加球果紫堇属和番泻叶（均为开花植物）。其他易怒的患者就像“患有忧郁症的国王，这种疾病会导致躁狂，即愤怒”。他们的心情是愤怒中夹杂着绝望。在这种情况下，有必要在基本配方中添加“完全粉末状的、浓重石榴色的、一打重的红锆石（一种宝石）”。剩下的易怒的患者则患有“由于脾气暴躁而导致的心悸和心脏无力”。[9]他们的愤怒中夹杂着焦虑，他们需要一种完全不同的化合物。不存在“一刀切”的解决方案。

这些药物真的有效吗？迈蒙尼德说，是的。他观察到他的一些病人从中得到了很大的缓解。然而，在其他情况下，药物并不是答案；相反，从痛苦的愤怒中得到缓解的做法“来自实践哲学，来自法律的警告和规训”。[10]迈蒙尼德拉比在这里战胜了医生。

与此同时，欧洲的医生正在阐述他们自己的盖伦主义理论变体。请思考一下萨莱诺的巴托洛梅乌斯（Bartholomaeus of Salerno，活跃于1175年）的思想。在他针对《导论》（*Isagoge*，9世纪的文本，主要是对盖伦著作的概要）所作的具有影响力的评论中，巴托洛梅乌斯根据自己对亚里士多德的理解解释了心脏的运动，而亚里士多德的著作和思想在12世纪末占据了主导地位。[11]巴托洛梅乌斯写道，心脏运作的能力是推动心脏和动脉扩张和收缩。因此这样的运作“给心脏带来愤怒、喜悦以及灵魂的其他激情”。目前为止一切顺利，亚里士多德和盖伦都不会反对这样的说法。但巴托洛梅乌斯并没有遵循亚里士多德的观点，即认为情感始于内心。相反，他断言“情感起源于大脑，其运作源于内心”。这种观点既不是亚里士多德主义的，也不是盖伦主义的。

巴托洛梅乌斯是如何得出这个观点的呢？盖伦从亚里士多德那里知道每一种情感的背后都存在判断。但他不能遵循亚里士多德的观点，认为判断位于内心。巴托洛梅乌斯是一位优秀的盖伦主义者，他一定知道判断、想象和对感官知觉的解释必须源于大脑，因为正如盖伦通过动物解剖学研究表明的那样，神经起源于大脑。盖伦只让大脑在情感展现的过程中起了小部分作用。巴托洛梅乌斯将大脑置于舞台中心，他对我们愤怒的成因的理解与许多现代认知理论非常接近。正如他所写的那样：

> 所有情感都起源于某种感觉或想象所感知到的外部原因。例如，我们用眼睛感知到猛兽冲撞或者敌人神态傲慢地路过。这些事物分别是恐惧以及愤怒或愤慨的原因。同样地，当我们用眼睛感知到童女的美丽和舞姿时，我们就会感到喜悦；当我们听到侮辱或奉

承时，我们会生气或高兴。因此，很显然，任何情感都是首先通过感觉或想象来感知的。

当巴托洛梅乌斯说情感有“外部原因”时，他指的是现代心理学家南希·斯坦（参见本书第二章）所说的“感官体验”。巴托洛梅乌斯说，在愤怒这个例子中，外部原因可能是“敌人神态傲慢地路过”。这相当于斯坦的下一阶段，即评估所感知到的信号——“重要目标的失败”。巴托洛梅乌斯的目标是让敌人承认我们的荣誉和尊严。最后，在斯坦各个阶段的次序中，人们相信失败是可以得到纠正的，这对斯坦来说是评估过程的一部分。巴托洛梅乌斯也提出了类似的观点：“为自己受到的伤害报仇的想法先于愤怒。这种想法是大脑的某种想象，而内心的热情和复仇的欲望也会随之而来。”对于盖伦来说，愤怒是身体上的，是“心脏中的一种热的沸腾”。对于巴托洛梅乌斯来说，愤怒是精神上的，“一种让心脏沸腾的思想”。这种观点非常契合他的基督教背景，因为正如我们在格里高利大帝身上已经看到的那样，愤怒的恶行来自外部，攻击内心的堡垒。在巴托洛梅乌斯的评论中，“外部”就是大脑，它的思考会激起内心的愤怒。

★

中世纪的医生就这样为盖伦主义拓宽了新的观念和表述。随着单一教会的瓦解、印刷机的发明、全民识字率的提高、牛顿在科学上的胜利以及（最重要的是）15世纪末开始首次使用人体尸检，纠正了盖伦解剖学，17世纪和18世纪标志着医学思想的转折。

威廉·哈维（William Harvey）于1628年发表的血液循环论证不仅使盖伦的动脉与静脉分离论无效，而且赋予了心脏不同的作用，心脏现在基本上是一个泵，而不是灵魂的肉体化身的一部分。情感与泵有什么关系？没有关系。那么热与愤怒又有什么关系？与哈维同时代的圣托里奥（Santorio Santorio，卒于1636年）在发明温度计后也没有发现任何东西，他原本希望这能证明盖伦的脾气暴躁说。相反，温度计用一种测量结果代替了盖伦原本想要的人格特质结果。当一个男人的体温像其他人一样达到37°C时，他的“脾气暴躁”意味着什么？一种全新的身体机制模型开始占据主导地位。

随着盖伦理论开始失去其掌控力，新的解释取而代之。巴托洛梅乌斯对大脑作为情感发生现场的强调得到了新近兴起的精确解剖的支持。与此同时，体液的重要性被降低，至少在最开始，精神被赋予了新的重要地位，而精神对盖伦来说，在动脉的血液中移动，将愤怒的炽热从心脏传遍全身。托马斯·威利斯（Thomas Willis，卒于1675年）就是这两种趋势的例证。在《大脑解剖学》（*Anatomy of the Brain*）中，他将精神置于讨论的核心。愤怒就像其他激情一样，实际上也像所有的思想一样，大脑首先“孕育”了它，但它一旦发生，就会使灵魂移动。这些移动刺激了小脑，而小脑反过来又刺激了服务于心脏、内脏、“面部肌肉”，乃至眼睛的神经，威利斯认为眼睛是“心灵的感受和私人概念的透明窗户”，它甚至暴露了掩饰的意志。威利斯说，一般的身体激动是不可避免的，“因为……精神”在大脑和胸腔之间的空间中“以这种或那种方式，像竖琴的琴弦一样立即打击这些神经”。实际上，精神的连接作用对威利斯来说就像当今科学家通过神经进行的即时电化学通信一样。[12]威利斯强调大脑及其在振奋精神方面的作用，他放弃了老派的体液和脾气说。

将情感转移到大脑的另一个后果是降低了心脏的作用，实际上切断了除大脑之外的身体大部分部位的情感。情感（在新观点中）变得几乎纯粹是精神上的，尽管它们必须被传达到身体的其他部分上才能实现它们所需的行动。当心脏被视为情感的中心，是血液在愤怒中被加热或在恐惧中被冷却的“大锅”时，身体和情感就不再分离，因为大脑或心灵或灵魂是身体处理过程的一部分。笛卡尔经常因身心分离而受到指责。正如我们在第三章中看到的，他没有直接将身心分离，正如他明确指出的那样，因为心灵与身体的每个部分相连。但笛卡尔的心灵只涉及有意识的思维——主动的思想，比如“我后面的车在按喇叭”，以及被动的思想，比如“按喇叭是在侮辱我”，我感觉很愤怒。笛卡尔式的心灵并未涉及消化或呼吸等身体过程。这些运动是自动进行的，就像钟表的指针因其机械装置而转动一样。正如哲学家苏珊·詹姆斯（Susan James）指出的那样，“笛卡尔面临的任务是解释纯粹机械的身体和纯粹精神的心灵如何交互，以及它们如何能够做到这一点。正如他声称的那样，在位于大脑中心的松果体上可以实现这一点”。[13]

笛卡尔认为，这种交互通过在神经中游走的精神而成为可能。作为对感官知觉的反射性回应，精神有时会自动运作：当我们触摸很热的炉子时，精神会移动到大脑，大脑的运动将精神推至手，然后我们将手从炉子上移开。这一过程不涉及任何思想，整个过程都是由身体单独实现的。但在其他时候，精神会被需要思想的感官知觉所驱动。我们听到喇叭声，这种感觉通过精神传递到松果体，松果体被驱动，然后我们得以思考。如果我们认为“那是喇叭声”，那么在那一事件中，精神可能不会再游走。但如果我们认为，“这是对我驾驶水平的侮辱”，那么我们可能会感到愤怒，这会刺激我们神经之下的精神，搅动我们的血液。我们可能会“脸色苍白或颤抖”，我们也可能会“脸红甚至哭泣”。[14]

但是，如果笛卡尔试图将情感置于心灵中，那么即便其他人同样乐于将心灵和身体分开，但也会开始认为情感纯粹是身体液体压力和机械系统的一个方面。医生威廉·克拉克（William Clark，卒于约1780年）将身体设想为液体和固体的联结。早期的显微镜看不到神经中存在任何液体，但是通过类比血管和淋巴系统——让·佩凯（Jean Pecquet）在一个世纪前的发现，克拉克认为极有可能有“神经液”（相当于精神）在神经间流动。[15]他说，这是最重要的，因为“心灵的每一种能力都依赖于神经系统”。[16]情感本身可能决定“神经液的分布”。那么，与所有情感一样，愤怒可能“扰乱整个机体”。[17]克拉克引用了早期医学权威洛伦佐·贝利尼（Lorenzo Bellini，卒于1704年）的观点，他对愤怒在身体中的作用有各种各样的说法，愤怒“增加神经液的流入”，使肌肉和心脏“以更大的速度和力量，更频繁地”收缩，从而导致脉搏和“血液运动”的变化。[18]当液体过多时，就会导致严重的疾病。

★

当我的母亲将我打洋娃娃的行为解释为我内心愤怒爆发时，她引用了医生多年来提出的关于液体压力的许多比喻：过多的体液，过于丰富的神经液。如今，关于愤怒的常见表达方式与这些想法相呼应，“尝试将愤怒从你的系统中消除”，“她心中洋溢愤怒”，“她能感觉到她的胃在上升”，“他压抑已久的愤怒在内心涌动”，“他怒火中烧”。[19]愤怒源于一种过度或缺乏这一观点在当今的科学文献中也得到了回应。

2012年发表的一篇文章宣布：“血清素水平的降低……显著影响着与攻击性和其他情感行为有关的前额皮层—杏仁核回路。”[20]换句话说，作者宣称他们的志愿者被试的大脑中缺乏血清素，这导致他们对愤怒的面孔作出异常回应。作者得出的结论是，他们的研究支持这样的观点，即血清素“促进前额皮层抑制在杏仁核中产生的负面情感，这些情感与攻击性和其他情感行为有关”。[21]为什么作者认为愤怒的面孔确实意味着攻击性？为什么他们认为愤怒确实可以从脸上看出，并且应该激发出受众的负面情感？这是下一章的主题。我先总结一下这一章的主题：与我母亲不同的是，这些科学家会这样说在孩童时的我，“她的系统中没有足够多的血清素”。

第十章

进入实验室

今天，担心孩子生气的父母无疑会想了解下专家的看法。一些最负盛名的专家（当然是那些最常出现在新闻中的专家）是实验室科学家。但是忧心忡忡的父母在阅读这些科学家的结论时并不会觉得它们清晰易懂，因为其中有大量各不相同且经常相互冲突的意见。许多文章提供了面部图像来展示普遍认可的愤怒。读了这些文章之后，孩子的父母可能会认真地观察自己孩子的面孔，以找到与文章中的图像匹配的特征。这些父母可能想通过使用儿童读物来帮助自己的孩子做到这一点，这种读物声称可以帮助孩子学会改变自己生气时的表情。其他关于愤怒的文章都附有色彩鲜艳的大脑扫描图，来展示作者所说的愤怒“所处”的大脑区域。忧心忡忡的父母可能会问，是否有办法使大脑的这些区域“停止活跃”。事实上，一些科学家认为存在这样的办法，即杏仁核毁损术（amygdalotomy），这是一种使杏仁核停止活跃的外科手术。然而，无须说明的是，这种手术会带来许多问题，不仅是因为杏仁核并不总是与愤怒反应相关联，还因为杏仁核肯定与其他种类的行为以及大脑功能相关联。[1]

然而，其他权威研究告诉我们，我们最好不要执着于脑部扫描和面部表情。这些研究否认愤怒是每个人都会感受到和表达出来的一种自然范畴。他们拒绝接受以下说法，即愤怒会出现在大脑的某些部位或每个人的面部表情上。相反，他们说，愤怒是大脑在监控和理解从身体和外部世界传来的信息时创造的众多构造物（constructs）之一。如果在某些文化中，像愤怒这样的心理范畴对于生存和种族繁荣没有益处，那么它就不存在。

以上这些观点构成了实验科学所支持的关于愤怒的主要思想流派。除此之外，还有其他的思想流派。也许在这些思想流派中，最重要的是艾伦·J.弗里德兰（Alan J. Fridlund）主张的理论进路。他认为，我们所说的“愤怒”（像所有情绪一样）是一种有意的、战略性的社会姿态。在弗里德兰看来，“愤怒的表情”所发出的信号（取决于上下文）类似于“退后，否则我会攻击你”。[2]许多关注愤怒情绪的心理治疗师与弗里德兰一样，但通常出于不同的原因，他们也拒绝接受由实验科学家提出的主要假设，或者他们只会接受其中一部分假设。在本书的讨论过程中，我们提及了其中的一些心理治疗师。但在本章中，我们在此处要考虑的是基于实验室实验的几种主要理论，而不是心理治疗。当然，基于实验室的工作对心理治疗也具有重要意义。

这些思想流派的划分基于两个关键问题。对于占主导地位的流派，我们可以称之为基本情感派（Basic Emotions

group），他们几乎不关心第一个问题，也是最基本的问题：愤怒是一种自然实体、某种实在的东西、某种根本上是生物性的东西，并且是众多基本情感之一吗？主张存在基本情感的科学家忽略了这些问题，因为他们认为这些问题的答案都是肯定的。他们关注的是第二个问题：如何能够更好地研究愤怒？这种流派中的一些成员认为，应该通过面部表情和对它们的反应来研究，其他人则更喜欢通过脑部扫描来研究。有些人还结合了面部表情照片和脑部扫描图。

但另一思想流派——其成员自称他们是心理构造派（Psychological Constructionist）——对这些问题给出了否定的回答。他们收集关于愤怒的面部表情和脑部扫描的数据，来证明实验科学家们把注意力放到了无关紧要的事物上。与基本情感派的许多人一样，心理构造派通常都是神经科学家。但他们说，大脑的神经网络表明，整个大脑都参与了我们所说的愤怒的产生。随着时间的推移，我们的大脑学会将某些感觉、表现（包括面部表情和悸动的心）和反应以某些方式组合在一起，我们称之为愤怒。心理构造派说，愤怒并不是我们与生俱来的，它是习得的——它变成了一个概念，因为神经模式是基于父母、学校、社会等的信息输入而形成的。当我们看到婴儿尖叫、脸变红时，我们会把他的感受解读为愤怒，而随着他长大，他会将这种范畴内化。

最后，还有一群科学家是生成论者，他们认为最关键的第一个问题的问法很糟糕。这个问题不应该关注愤怒是不是一种“基本”情绪，而应该询问大脑中是否存在这样的神经回路，这些神经回路构成了一类感觉、思想和行动的基础，我们会将这些感觉、思想、行动与愤怒联系在一起，但其他社会可能会给它们别的称呼，对它们有不同的理解，而且或许是以我们很难将其与愤怒关联起来的其他方式来表达它们。这些科学家相信我们所有人都有这些天生的神经回路。它们与我们的面孔相连，就像它们参与我们在世界上所做的许多其他事情（我们“生成”的事情）一样。

虽然存在相互冲突的思想流派，但我们不应该因此而感到气馁。恰恰相反，整本书都在讨论关于愤怒的不同且经常相互冲突的观点。这就是重点：我们看到的愤怒越多，我们就越能理解、感受并知道如何处理我们自己的愤怒。既然如此，让我们进入实验室吧。

★

基本情感派声称自己起源于查尔斯·达尔文和他的开创性著作《人与动物的情感表达》（*The Expression of Emotions in Man and Animals*）。[3]达尔文的目的是证明人类和动物的情感是通过相同或相关的肌肉和生理机能来表达的。他想反驳一种公认的观点，即人类在某种程度上是特殊的，就好像人类被赋予了——正如早期的解剖学家查尔斯·贝尔（Charles Bell）所宣称的那样——一种“特殊的器官”来交流他们的感情。[4]达尔文认为其他动物也具有这种与人类器官同源的器官。复仇和愤怒不仅仅是人类的“本能”。达尔文利用了基督教的传统，即魔鬼煽动人类从天堂堕落，他开玩笑说："那么，我们的血统就是我们邪恶激情的起源，狒狒样貌的魔鬼就是我们的祖父。" 我想，如果他把这个玩笑开下去，他会注意到现代文明正在逐渐克服魔鬼的诅咒。因为达尔文观察到，在他那个时代，复仇和愤怒一般都是受到控制的，甚至在人类社会中"慢慢消失"，尽管两者曾经都是"必要的且毫无疑问是具有保护性的"。[5]

由于"文明人"（civilized man）通常过于克制，所以达尔文更喜欢观察婴儿、疯子，以及其他"人类种族"的愤怒和其他情绪表达，他对英格兰遥远帝国的传教士、地主、教师和其他人进行了详细的问卷调查。他还询问了"20多个不同年龄和性别的受过教育的人"，要求他们识别"一位皮肤不太敏感的老人脸上所表现出的情绪"。他指的是法国神经学家杜兴·德·布伦（Duchenne de Boulogne，卒于1875年）拍摄的照片，杜兴在拍摄的同时用带电的探针刺激该男子的面部肌肉以模仿各种情绪表达。[6]

达尔文对杜兴照片的使用是许多现代科学实验的久远范例，也为这些实验提供了正当性说明。他坚信面孔是人类情感表达的主要器官，并且他推测在人们开始穿衣服之后尤其如此。虽然杜兴照片中的男性可能根本没有感受到诱发的情感，但是达尔文对此一点也不感到困扰。[7]他引用了莎士比亚关于演员"伪装"情感这种真实情况的评论。如今，许多关于面孔的科学实验也遵循同样的假设。但现在，面孔通常被数字化，甚至可以经操纵从一种表情转变为另一种表情。

达尔文没有使用“基本情感”这个概念，更没有说明它们有特定的数量。但据了解，他是这么想的。他当然没有否认这个古老的西方观念——至少从古希腊时代起就一直存在着——愤怒是一种自然的实体，是“情感”属的一种。许多科学家理解达尔文所说的人类的情感表达从未改变，即使在不同的人群中也没有什么不同。因此，心理构造派的主要支持者莉莎·费德曼·巴瑞特称达尔文为“本质主义者”（essentialist），本质主义者认为某些范畴（比如愤怒和喜悦，狗和猫）“具有真实的实在或本质。在每一个范畴当中，其成员被认为共享一个深层的、根本的属性（或本质）”。巴瑞特称，达尔文写道，“情感是早期动物祖先传承给我们的，历经岁月未曾改变”。[8]

她关于达尔文认为我们的情感是被“传承”下来的观点是正确的。但她说达尔文认为这些情感“未曾改变”，这可能不太正确。至少就愤怒来说，达尔文指出，与之相关的行为甚至用途是如何随着时间的推移而做出适应性调整的。愤怒最初在生存中发挥着作用。它让动物为攻击行动做好准备，来执行战或逃反应中的战斗部分，并继续发挥这一功能。在灵长类动物历史的初期，愤怒可能具有类似的功能。但是，达尔文认为，在自己所生活的时代，愤怒的表达并没有保持最初的样子。正如他所说：“我们的早期祖先在愤怒时可能会比（今天的）人类更不受拘束地露出牙齿……而且当他们感到愤怒或略微愤怒时，他们不会昂首挺胸、挺直身子并握紧拳头。”[9]这些姿势是为了适应我们直立的姿势，以及我们使用拳头和棍棒进行战斗的能力。

达尔文还提出，愤怒可以发挥新的功能。哲学家保罗·格里菲思（Paul Griffiths）将这些新目的称为“二次适应”（secondary adaptation）。今天，愤怒有了二次适应，即表达我们的不满和愤慨。它已成为一种社会交流模式，以其自身的方式成了适应现代世界生存需要的适应机制。[10]

然而，达尔文认为改变是有限的，因为习惯是遗传的。达尔文所生活的时代早于基因的发现，他是一位坚定的拉马克主义者，相信生物获得的特征会遗传给后代。对他来说，这解释了为什么一个无意攻击任何人的愤怒的人仍然会不情愿地经历快速心跳，以及“脸上那些丝毫不服从自己意志的肌肉”会短暂地暴露自己的情感。[11]

★

在他讨论情绪的书的最后一句话中，达尔文呼吁生理学家沿着自己的道路继续研究下去。达尔文的一些直接继承者认为他认可基本情感进路，并寻找每种情感独有的和特征性的生理迹象。他们将被试（无论是人类还是动物）带入实验室，使用新机器来测量他们或它们的脉搏和呼吸。他们想要的是每种情感客观的、可量化的记录。法国医生费尔南·帕皮永（Fernand Papillon，卒于1874年）反映了他那个时代的乐观情绪，他说测量血压的脉搏描记术可以用来记录“在不同激情的影响下”心脏的运动轨迹（见插图9）。在他看来，每种情感都有“自己的曲线”。他正在思考的是，当脉搏的情况被这台脉搏记录仪记录在一张纸上时，它所呈现出来的波动。[12]

像脉搏描记术这样的发明反映了一种普遍的假设，即机器甚至可以比人更好地解读人类的情感。塞涅卡的希望是，我们可以通过在每天结束时回顾当天的愤怒时刻，从而在第二天做得更好，而现在没有人持有同样的希望了。我们的内在自我对我们有意识的审视而言是非公开的，它对生理机能的客观测量而言是公开的。这个想法为测谎仪的发明奠定了基础。事实上，测谎仪的早期发明者之一莱昂纳德・基勒（Leonarde Keeler）将其称为“情绪记录仪”（emotiograph）。[13]但到了20世纪初，为每种情绪找到“一条曲线”的希望已经彻底破灭。很明显，所有强烈情感的生理标志都非常相似。

然而，剩下的还有面孔：它们是离散情感的客观身体迹象吗？实验结果最初只表明了部分成功。例如，安托瓦内特・费莱基（Antoinette Feleky）拍摄了一位女性摆出带有各种情感的面部表情的照片。其中之一意在表达“义愤”（见插图10）。但在把这张照片给“100个可靠的人”看了之后，他们中没有一个人说出正确的情感，尽管有4个人认为这是一种生气的表情，另有3个人认为这是一种惊慌的表情。费莱基并没有气馁，他解释说，被试给出错误答案的部分原因是他们“不了解真实面部表情的含义，也不了解实验所用术语的公认含义”。[14]

费莱基还没有研究“生物学因素决定基本情感”的想法。

这是由哲学家出身的心理学家西尔万·汤姆金斯（Sylvan Tomkins，卒于1991年）首先提出的。他命名了8个（后来是9个）遗传的和与生俱来的主要“情感程序”。它们是“人类的主要动机”，对应于皮层下大脑的特定结构，皮层下大脑则负责指导和控制身体的肌肉和腺体反应。汤姆金斯宣称面孔是这些情感出现的“主要地点”，他提供了一份由这些情感组成的清单（每一种情感都既有低强度形态，又有高强度形态），以及“作为它们组成部分的面部反应”。[15]为了检验自己的假设，他制作了一组模拟“感兴趣、享受、惊讶、痛苦、恐惧、羞耻、蔑视和愤怒”的面部照片，并要求一组“欣然同意”的消防员给它们贴上标签。[16]后来艾克曼将其中的6种情感称为快乐、悲伤、恐惧、厌恶、惊讶和愤怒，即6种“基本情感”，并为它们拍摄了一组照片。正如乔凡娜·科隆贝蒂（Giovanna Colombetti）指出的那样，艾克曼没有什么理由将基本情感的数量限制为6个，除下面这个理由之外，即他和他的合作者无法为其他情感找到足够多的“好的照片”（可以给出他们认为有效的表情的照片）。[17]

艾克曼和他的合作者当然找到了可接受的代表愤怒的照片，并将这些照片与模拟其余5种情感的其他照片放到一起，让世界各地的人们用情感词汇来与这些照片中的面部表情配对。即使研究人员前往新几内亚询问那些与西方接触很少的法雷人，愤怒和快乐的面孔也获得了最好的结果。[18]几乎所有心理学教科书都包含的研究结论是，愤怒是6种基本情感之一，并且具有独特的、可识别的面部表情。它是普遍存在的，并且是天生的。

只是证据毕竟不是那么清楚。我在第四章提到了与人类学家探索的“和平王国”有关的法雷人。我借鉴了E.理查德·索伦森的著作。在这里需要指出的是，索伦森是最初与艾克曼一起工作的研究人员之一。但他自己的测试，是在与艾克曼不同的研究方案下使用脸部照片，得出的关于愤怒的结果并不比纯猜测更好。索伦森总结道，比反应本身的准确性更有趣的是，法雷人倾向于在每张脸上看到愤怒。他认为，他们的文化比我们的文化对愤怒在社会上造成的破坏性影响更加敏感。法雷人倾向于将愤怒解读为任何强烈的面部表情，因为他们的社会依赖于亲密的个人关系和支持，而这两者都需要平和的脾气。[19]我们在马来西亚的闪迈人中看到了同样的社会担忧。

尽管索伦森和许多其他人对艾克曼的工作提出了批评，[20]实验者仍然自信地继续在他们的工作中使用那些摆好表情的面孔，现在这部分工作已经被数字化了。面孔是极其方便的，而且至少在西方社会中，人们实际上确实倾向于把“愤怒的面孔”识别成愤怒的。这一事实可以用于好的方面，也可以用于坏的方面。对它好的用途，有一项研究似乎表明，通过学习在模糊的面部表情中看到更多的快乐，人们会更少感受到愤怒。调查人员对同一张脸的图像进行操作，将其从“明确快乐的变成明确愤怒的，而中间是情感较为模糊的图像”。他们发现，通过教导一群“高危险性青少年”在之前被他们识别为“愤怒”的面孔上看到“快乐”，能够减少青少年攻击性行为的发生率。[21]看来对面孔的使用是非常有益的。

然而，记录的另一面却得出这样的结论：那些不能“正确”解读面部表情的人是不正常的。甚至有一个词来形容这种所谓的缺陷，即述情障碍。学校教导孩子们为每张摆出表情的面孔给出正确的答案。书本提供了一些例子，告诉孩子当他们有某种感觉时应该如何表现。孩子的社会化并没有错，事实上，这在每种文化中都是必需的。但在解读面孔时存在一个问题。有些人的面部肌肉麻痹，他们和其他人一样有情绪，但因为对于我们这些习惯于从面部表情中看到感情的人来说，他们看起来“很奇怪”，所以他们发现自己被误解并被社会孤立。[22]“异常”也是一个非常危险的词。在纳粹德国，自闭症儿童被贴上“异常”的标签，因此他们不受欢迎。他们被送往收容机构，挨饿并被喂食巴比妥类静脉麻醉药直至死亡。[23]今天，我们不会杀死自闭症儿童，但这个术语仍然存在于《精神障碍诊断与统计手册》中，这本书是“精神疾病”的圣经。[24]索伦森对法雷人所做的测试告诉我们，完全正常的人也会“误读”面孔，也就是说，看到西方人看不到的情绪。索伦森本人认为，法雷人典型的愤怒的面部表情看起来很像是悲伤，尽管其他了解自己文化的法雷人也认同这是愤怒。西方人在自己的社会中也常犯错误。D.沃恩·贝克（D. Vaughn Becker）发现，心理学课上的学生很容易将女性面孔解读为“快乐”，将男性面孔解读为“愤怒”。但他们很难识别出女人的“愤怒的面孔”和男人的“幸福的面孔”。[25]当我们解读别人的面孔时，我们需要警惕自己的印象，并愿意承认其中存在健康的不确定性，以免我们的述情障碍被列为一种“疾病”。

摆好表情的面孔似乎证实了这样一种观点，即每种情感都有其独特的、可识别的躯体标识。许多使用脑部扫描设备的研究也是如此。让我们用一个例子来说明一切。在一篇探究“愤怒的神经相关性”的文章中，使用功能平面回波成像（functional Echo-Planar Imaging，fEPI）的研究人员报告说，被试在受到侮辱后，他们的愤怒感与“背侧前扣带回皮质的活动”相关。[26]

★

然而，一直存在着另外一种非常不同的科学传统，它不同意每种情感都是自然的，有其自己的特征标识。这种传统也将自己归为达尔文主义。回想一下，达尔文从未说过基本情感的数量是固定的。他只是说，人和动物在许多情感的表达上有着惊人的相似之处，因此人类肯定是从“低等形式”进化而来的。在愤怒的例子中，他认为当人类开始用两条腿走路时，必须做出很大的改变。他尽可能使用生理学以及身体姿势和面部的证据。当威廉·詹姆斯阅读达尔文的著作时，他得出的结论不是面孔与情感特别相关，而是人类生理学标记了每种情感。正如詹姆斯所说：“我们因哭泣而感到抱歉，因遭受折磨而感到愤怒，因颤抖而感到害怕。”[27]一旦我们感觉到身体的反应，我们就会运用心灵的“常用的感知过程”。

我们抓挠后就知道自己痒了，我们遭受折磨并称之为愤怒。

詹姆斯颠覆了西方关于愤怒的许多思想，尽管盖伦的传统一直暗含他的观点。心理构造派的悠久起源可以追溯到詹姆斯的愿景，它的起源还归功于德国医生和哲学家威廉·冯特（Wilhelm Wundt，卒于1920年）的理论的影响。冯特假定心灵有两个基本“要素”：感觉和感受。愤怒的感觉（像所有情感一样，他称之为“表达感情的过程”）的范围可以从轻微的激动（“我有点儿恼火”）到高度激动（“我很愤怒”）。他们可能是愉快的（“我要报复他”）或痛苦的（“我很愤怒，但我对此无能为力”）。虽然大脑中充斥着各种各样的表达感情的过程，但并非所有过程都会上升到“情感”的水平。情感既强烈又复杂，它们是由许多感觉加上其他东西组成的，即关于它们是什么的“一些想法”。情感不断变化，不能被固定为自然类别。像“愤怒”这样的词是我们使用方便的标签，它不是指某个事物，而是指由一系列感受组成的过程，其中也涉及身体感觉，“不仅存在于心脏、血管和呼吸中，而且也存在于外部肌肉中”。愤怒最终会以行动告终，也许是抵制，也许是报复。然后它就会平息，取而代之的是“常见的感觉静流”。[28]

心理构造派采纳了这些观念并将其应用到大脑中。他们认为，情感产生于大脑活动的过程中，在这一过程中是我们内部和外部状态的调节器、中介者和预测器。大脑不断接收来自我们身体和外部世界的感觉。结果就是科学家所说的“核心情感”。生活中无时无刻不存在某种核心情感，它代表了身体外部和内部感觉信息的综合，使大脑“通过预测奖励和威胁、朋友和敌人安全地生存于世界之中”。[29]

事实上，我们在前面几章中已经读到过的莉莎·费德曼·巴瑞特表示，预测是大脑的关键工作，它利用“神经的对话”来“预测你将要体验到的视觉、听觉、嗅觉、味觉和触觉的每一个片段，以及预见到你将要采取的行动”。[30]在发挥预测作用时，大脑能够理解它所综合的内容。巴瑞特说，因此我们可以将大脑视为“情境概念化生成器”。它是情境的，因为它既在身体里，又在世界中。随着自身发展，它会利用语言和文化来概念化（组织和处理）两个世界。情感是“感觉的概念化实例”。[31]它们不是自然的种类，而是大脑根据当前和过去的经验将各种感觉组合在一起的方式。每种文化都可能以相当不同的方式将生活事件和感觉聚集在一起。愤怒不是“某物”，而是“概念”，代表一种聚集。我们在英语世界使用“anger”一词，而其他文化则使用不同的词汇。更重要的是，它们的词汇很少表示与“anger”完全相同的事情，很少与“anger”有相同的含义。可以肯定的是，人类学家和语言学家做了粗略且方便使用的对应，但那是因为他们需要与西方读者进行交流。

心理构造论者从神经科学中得出结论。那么他们如何对待那种发现愤怒与大脑特定区域相关的观察结果，比如与“背侧前扣带回皮质的活动”相关？如果愤怒在大脑中有“家”，那么它一定是“某物”。心理构造论者揭穿了此类研究。他们指出，神经影像学的荟萃分析（许多研究汇总的统计分析）表明，没有一种情感总是与大脑的某个位置相关，并且许多情感都与同一区域相关。虽然有一项研究发现愤怒与“背侧前扣带回皮质的活动”有关，但其他研究发现愤怒存在于杏仁核中，杏仁核是大脑中完全不同的另一个部分。[32]心理构造论者说，愤怒是大脑所有区域的产物，因为大脑的回路作为整体在运作。按理说，一项研究会在一个地方发现愤怒的活动，而另一项研究会在其他地方发现它。事实上，愤怒在大脑中无处不在，因为它被大脑当作有用的概念构造起来。

大脑受到心理构造论者的特别关注，因为他们将其视为内在自我和外在自我之间的中介。但他们也对身体的其他部分感兴趣，甚至对面部及其生理机能感兴趣。大脑的概念和分类的主要目的是“产生推理”。[33]推理帮助我们为身体内部和外部世界的行动做好准备。听到身后有喇叭声，你会僵住，然后你的心跳会加快，开始踩油门，或者，你的速度会慢得像在爬，或者，你听到声音并且想知道是什么样的汽车喇叭如此悦耳。在所有这些情况下，你的身体状态都会发生变化，因此你的核心情感会变得更强烈或者不那么强烈，很愉悦或者不那么愉悦。如果你的注意力集中在喇叭声上，那就不是情感，而是知觉，并且你的核心情感可能不会很强烈。除非你是乔治·格什温（George Gershwin）这样的作曲家，他对法国出租车的鸣笛声非常感兴趣，以至于将这些声音收录进《一个美国人在巴黎》（*An American in Paris*）中。如果你的注意力集中在你喉咙里的咕噜声、你的心跳以及你的感受的强烈程度上，你就会说你很生气。这两种情况的不同之处在于你对事件概念化的方式，这取决于你过去的经历。但你总会从新的事件中学习，这意味着你可以改变你的预测以及你身体的反应。

这同样具有潜在的道德维度，这一维度与基本情感群所关联的潜在道德维度完全不同。现在，科学家确实普遍认为愤怒首先是一种自然现象，而不是一个道德问题。作为人类，他们可能同意佛教徒和斯多葛学派的观点，认为愤怒是不好的。或者他们可能同意基督教传统，即愤怒既是坏事（如果针对人）又是好事（如果针对罪恶、邪恶或不道德的行为）。但作为科学家，他们最感兴趣的是，作为变量，愤怒的性质和影响可以得到客观的理解。在现代，他们开始依靠机器为他们提供精确的测量和可视化。即便如此，科学理论常常具有道德含义，心理构造论者也知道这一点。他们指出机器输出的结果必须得到诠释，他们认为许多大脑扫描和面部表情都是断章取义的。他们说，当综合起来考虑时，有证据表明大脑作为一个整体会构造愤怒。这意味着我们不是史前灌输的某些习惯的奴隶，我们可以接受新的概念。我们总是在学习，而且作为成年人，我们可以评估、重新思考以及忘却过去的想法。我们是有道德的人类，可以重新调整我们的情绪以适应社会。这种观点非常吸引人的一个方面是，它不会把任何人归入“异常”的类别。另一方面，它确实谴责刻板在道德上存在问题，这对于被本书主旨说服的任何人来说似乎都是好事。

★

但现在我们有两种相互矛盾的观点，它们似乎没有交集。一方面，有些人说愤怒是普遍的基本情感之一，主要表现在脸上，是跨文化之间公认的。他们承认文化可能会掩盖这些表达方式并试图隐瞒它们。他们将这样的尝试称为“表达规则”（display rules）。但真实的情感仍然会通过他们所谓的“微表情”泄露出来，这些人声称能够看到和测量到微小的面部运动。这一假设是电视剧《千谎百计》（*Lie to Me*）的基础，在该电视剧的三季中，一位模仿保罗·艾克曼的心理学家通过使用艾克曼的面部编码系统来识别潜在的恐怖分子，从而帮助执法人员。

心理构造论者对基本情感的观点进行了尖锐的质疑，他们说大脑创造了某些类别来理解身体和世界。在我们的特定文化中，愤怒是我们用来对某些感觉、感受、冲动和行为进行分类的词。愤怒是我们学会如何谈论核心情感的激活的方式，核心情感很不令人愉快且非常激烈，但其激烈程度不如恐惧等情感。

生成论者表示，他们已经找到了可行的妥协方案。像心理构造论者一样，他们认为人的大脑是身体和外部世界之间的中介，因此充满了情感。但是，他们追随威廉·詹姆斯，更强调整个身体，声称只有当我们感到心跳加速、额头皱起、脸色变红时，才会生气。

生成论者乐于承认英语中的“anger”可能与其他语言

中的词汇并不完全匹配。但他们认为这无关紧要：人们有自己无法准确表达出来的感受，这并不罕见。这只是“词汇空缺”（lexical lacuna）。[34]他们参考了贾克·潘克塞普（Jaak Panksepp，卒于2017年）等研究哺乳动物的精神生物学家的研究结果。潘克塞普通过谈论“原型情感系统”来解决词汇上的空缺。他使用全大写字母“RAGE”来指代闪迈文化中出现的“*lesnees*”、Utku社会中出现的“*urulu*”以及英语文化中出现的“anger”。[35]这些词及其得到使用的语境并不完全相同。潘克塞普乐于承认这个事实。他的理论是，像RAGE这样由基因决定的皮质下系统与更高层的皮质层概念相互作用，这些概念反映我们情感学习的词汇、社会约束、社会习俗等。

与许多基本情感的支持者相反，生成论者认为，面部表情可能并不是“解读”他人情感所必需的全部内容，他们赞成情绪需要结合语境来理解，他们也不认为出于任何理由可以将基本情感限制为6种或其他任何数字。甚至还质疑为什么要使用“基本”这个词呢？重要的一点是，对于生成论者来说，情感是某种皮质下层面上的自然类型，它们是基因的一般概念，但在现实世界中它们总是会受到文化、道德和习惯等因素的修改。

生成论者批评心理构造论者，认为后者无法解释“伴随着核心情感转化为真实情感本身的具体机制”。[36]像核心情感这样模糊的东西究竟是如何凝聚成像愤怒这样具体的东西的呢？他们批评大脑扫描的结果不是因为它们不一致，而是因为它们不能很好地反映大脑的情绪活动。当然，它们显示出了大脑活动。但当研究人员让被试看愤怒的面孔，然后将其与背侧前扣带回皮质的异常活动联系起来时，他们做出了一个可疑的假设，即大脑神经元正在对“愤怒”做出反应。事实上，这就是信仰的跳跃。也许神经元正在对照片的尺寸、颜色或研究人员的语气做出反应，没有语言学家了解神经元的“语言”。生成论者福斯托·卡鲁阿纳（Fausto Caruana）表示，远比脑部扫描更好的研究是对特定大脑区域进行电或化学刺激，这样就有可能获得真实的语言反馈。

卡鲁阿纳借鉴了苏雷什·巴特（Suresh Bhatt）及其同事的实验，后者发现对猫中下脑特定区域的两种刺激都会导致动物表现出“防御性愤怒”的体征。研究人员寻找的主要表达是“嗞嗞”声。电流刺激的强度越高，猫的“嗞嗞”声就越强烈。在一项相关实验中，他们给猫注射了一种已知可以激活分布在脑干上的某种受体的药物。在这种情况下，猫发出“嗞嗞”声。然后，当他们用拮抗剂（一种使受体作用无效的药物）让受体准备好时，猫不再发出“嗞嗞”声。[37]巴特认为，这样的研究支持了潘克塞普的论点，这一论点关于所有哺乳动物的物种中都存在RAGE“大脑运作系统”。[38]卡鲁阿纳对此表示同意，他认为此类研究至关重要，因为“嗞嗞”声是一种语言形式，与脑部扫描的氧合读数不同。猫在“告诉”我们，它确实生气了。

★

所有这些方法都表明了不同的治疗可能性。正如我们所看到的，比如，愤怒的基本情感范式可能会导致对问题青年的训练，即让他们把自己先前识别为愤怒的面孔看成快乐的。心理构造论疗法更加注重大脑。它要求我们向其他观念，其他想象、感受和表达愤怒的方式（比如本书中介绍的方式）敞开心扉，并且在我们这样做的同时，修正我们自己的经历和态度。根据生成论者的观点，即承认RAGE系统可能会在特定的化学物质中失效，他们建议依赖药物的治疗。

将所有这些立场结合在一起的一个共同点是实验室本身。实验室的优势在于其严谨性，它可以消除不必要的变量并试验在现实世界中无法区隔开来的特定情况。但这一优势同样也是该实验室的弱点。情感是在语境中得到感受和表达的。我自己不太擅长识别照片中愤怒的面孔，但我很容易感觉到，在我自己的社会中有人在生气。即使是猫，也可能它的“咝咝”声在受到电刺激时意味着一件事，而在受到捕食者威胁时则意味着另一件事。实验室里的愤怒与大街上的愤怒不同。

第十一章

社会的产物

社会建构论者说，我们感受到和表达的愤怒是我们社会的产物。（在实验室中，它还额外更直接地受到实验室的条件和期望的影响。）虽然在20世纪80年代之前，社会建构论领域并非前所未有，但随着人类学家、哲学家和社会学家的日益认可，社会建构论领域在80年代开始腾飞。本质主义的许多假设都是错误的。人们并没有被精确地分成两种性别，种族不是生物的实体，理性与感性并没有分离，自然并不是后天的对立面，西方的情感也不是普遍的。[1]我们并不是天生就会愤怒，但我们也没有自己凭空创造出愤怒。该领域的先驱詹姆斯·埃夫里尔（James Averill）表示："人们不能自由地创造自己的情感，就像他们不能自由地创造自己的语言一样，如果希望得到理解，他们就不能自由地创造自己的情感。"[2]当我们利用从小就开始内化的价值观、想法和规则时，我们就会学习到愤怒，正如本书所认为的那样，学习到许多种愤怒。

今天，社会建构论者之间存在着激烈的争论。他们在文化或社会如何充分形成或塑造情感方面存在差异。他们询问建构过程是来自“上层”（统治者、精英和各种权威人物塑造和灌输的规范），还是来自“底层”（面对面的共同体调整和协商他们的成员拥有并且得到表达的感受）。他们在生物的既定资质如何（以及如何彻底）影响我们的情感方面也存在分歧。然而，将这些思想流派聚集在一起的是这样一种信念：情感不是天生的实体。许多人都会同意，像愤怒这样的东西是由一组模糊的行为、价值观、概念和感觉组成的，这些行为、价值观、概念和感觉或多或少符合一种文化原型，一种柏拉图式的愤怒观念。“愤怒”并不是心灵中预先形成的元素，但它也不仅仅是由某种单一社会所赋予我们的：任何愤怒的例子都是过程的一部分，这一过程是由我们自己在我们的社会中行事以及我们的社会为我们所提供的工具（概念、语言、机会）共同创造的。

那么，当我们想象自己的家庭、共同体和文化为我们提供了各种有用的剧本时，我们就接近社会建构论的立场，我们可以在任何愤怒的事件中表演这些剧本，但我们可以而且总是会即兴发挥，这不仅发生在我们的行为中，而且也发生在我们内心的体验中。“有用”是这里的关键词。社会建构论者詹姆斯·埃夫里尔在他对愤怒的经典研究中指出，在美国社会中，愤怒通常与攻击性相伴。[3]这并非美国独有，但在其他文化中也并非一成不变。埃夫里尔指出，在许多社会中，攻击性与愤怒无关。我们已经在第四章讨论的和平与非和平王国中看到了一些例子，尽管这些不是埃夫里尔所用的例子。埃夫里尔说，考虑到这一事实，我们必须问这些国家在美国有什么作用。从愤怒在法律中的用途来看，有一个答案是显而易见的：愤怒导致暴力的假设对我们的社会是有利的，部分原因是它让好斗的人摆脱了困境。“冲动”犯罪是人们说“我无法控制住自己”的一个方便的借口。我们在第五章中看到了这个想法在中世纪和早期现代的法律界是如何被使用和遭到争论的。

但这并不是愤怒的唯一用途。在美国社会，它常常指向亲人和朋友。在某些情况下，这是我们摆脱自己的责任，并将其强加给我们的目标的方式，“你让我生气了”，而不是“我很生气”。在一篇关于愤怒的社会建构论的文章中，哲学家特里·华纳（Terry Warner）把愤怒的这种功能当作他论点的核心。他称愤怒是一种“错觉”，即我们在愤怒中处于被动的幻想。我们可以像塞涅卡一样想象我们的判断是错误的，按喇叭的司机并不是想“鄙视”我们。但即便如此，我们也永远不会否认那个按喇叭的人引起了我们的愤怒。无论评估是否正确，愤怒都是真实的，而且永远是真实的。这是我们的错觉。我们的愤怒总是有“隐秘的考量”，这些考量与认可我们的尊严、维护我们的受害者身份以及主张理想的自我有关。正因如此，愤怒会竭尽全力地抵御自己的败落，并且尽一切努力来激发自己的激情。华纳想象了一场夫妻之间的争吵：

艾莉森：“听着，我没有说过任何对你不公平的话。”

布伦特：“哦，不，你从来都没有错，不是吗？你甚至太好相处了。”[4]

但华纳忽略了愤怒的社会功能，这种功能根本不是错觉，即愤怒往往有助于重新调整关系。实际上，这表明我们需要将关系置于新的基础之上，这是一种好方法。我们可以想象一下，在稍后的辩论中，华纳想象中的这对夫妻之间的对话：

艾莉森："你帮忙洗碗的次数不够多，我这么说不公平吗？"

布伦特："是的，不公平。但是没问题。如果你把垃圾倒掉的话，从现在开始我就负责洗碗。"

其他场景也有可能：

艾莉森："你从不帮忙做家务。"

布伦特："你说得对。我道歉。给我一份需要做的家务清单，我这就开始。"

与之相对的是：

艾莉森："你从不帮忙做家务。"

布伦特："什么？我为什么应该要帮忙。你整天坐着，而我却要工作，没有喝杯咖啡的休息时间，老板也很糟糕。"

艾莉森："我再也受不了了。我没有整天坐着！我照顾女儿们、做饭、打扫卫生，而且兼职工作，我受够跟你在一起了。"

因此愤怒并不一定会自我滋长，"它在即时互动的语境下被构建"。在布伦特道歉后，艾莉森的愤怒建构十分不同（强度和消极程度由高到低），这与他告诉她，她整天坐着时的愤怒建构非常不同。[5]

★

历史上的一些例子扩充并丰富了社会建构论的论点。中世纪学者理查德·巴顿（Richard Barton）讨论了一个12世纪早期的事件，涉及封建领主朱埃尔（Juhel），他希望他的人——他的战士和封臣——向他最喜欢的修道院捐赠土地。在一次正式的捐赠仪式上，朱埃尔手下的一个人拒绝赠送任何东西。朱埃尔生气了，试图对这个罪大恶极的人"施加暴力"，但目击者把他拖走了。[6]事实证明，助长其愤怒爆发的是一种更早的、更严重的伤害：这位不慷慨的封臣之前是农奴，他在没有经过朱埃尔同意的情况下就从农奴制中解放出来了。有一位邻居促成了两人之间的和平局面，他在周围组织了一系列捐赠，并通过协商达成了解决方案：朱埃尔承认了前农奴的自由地位，而农奴又通过将土地赠予修道院来承认其领主的权威。在这段经历中，愤怒标志着一种失调的关系，而发泄是重新调整两个人之间关系的重要一步。

我们为什么要关心这种琐碎的争吵呢？它表明，情感的社会建构不仅发生在某一时刻（正如我们在艾莉森和布伦特身上看到的那样），而且发生在有历史和未来的不断发展的关系中。此外，它还说明了愤怒如何重新构建关系，不仅在我们的社会中是这样，而且在其他可以接受愤怒对抗的社会中也是如此。考虑一下，在Utku文化中，像朱埃尔这样的事件不可能发生，并不是因为那里不存在等级制度（实际上那里存在）或持续的竞争（那些也存在），而是因为愤怒是不被容忍的。最后，朱埃尔的案例为整个中世纪社会有关愤怒的规范提供了新的视角，有助于修正我们对中世纪愤怒与暴力之间联系的先入之见。巴顿对这一事件的社会建构论解释使他能够反驳一种普遍的观念，即中世纪时期充满了血腥暴力，除此之外别无其他。这种刻板印象是如此普遍，以至于它已经进入了电影中。在塔伦蒂诺的电影《低俗小说》（*Pulp Fiction*，1994）中，马沙·华勒斯对泽德说："我会让你的屁股变得'中世纪'。"然后杀死了卑躬屈膝的受害者。巴顿指出，相反，"变得中世纪"可能意味着平息愤怒和恢复友善。

总的来说，历史学家可以为社会建构论的愿景作出很多贡献。彼得·斯特恩斯和卡罗尔·斯特恩斯对愤怒的历史做了第一个重要的研究，他们认为愤怒是一种基本情感，但随着时间的推移，它的价值、功能和表达方式都会发生变化。为了了解这种情况如何以及为何发生，斯特恩斯夫妇着手分析美国社会不断变化的需求，并提出它是如何塑造（但并非完全构建）愤怒的。

斯特恩斯夫妇认为，在18世纪，美国人开始开展“一场控制愤怒的长期运动”。[7]从19世纪30年代开始，这场运动有了明确的焦点，即家庭。大量杂志和提供建议的书告诉希望有合适的感受和行为的中产阶级人士，虽然在工作场所生气可能是可以接受的，但家庭是“一个神圣的场所”，夫妻应该“培养相互的、慷慨包容的精神”，小心地避免诸如愤怒的争论或矛盾之类的事情发生。[8]然而，在20世纪初，当愤怒在工作场所变得适得其反时，焦点发生了转移。首先，服务行业需要令人愉快的面孔。回想一下霍克希尔德对空姐的研究：不允许愤怒遮盖她们的笑容。斯特恩斯夫妇将这种工作场所的要求的起始日期定在1920年左右。我们中的许多人都可以证明这种令人愉快的期望和展示的存在，它由女服务员、女售货员、收银员以及一些担任此类职位的男性来实现。

斯特恩斯夫妇不仅提醒我们注意美国中产阶级社会愤怒标准的变化，还提醒我们这些规范与空间的关系。起初，家庭（在理想情况下）是不会表达愤怒的地方。在大约半个世纪后，这种态度延伸到了工作场所。那么人们要到哪里去表达愤怒呢？也许要去政治舞台上，我将在下一章提出这种可能性。

斯特恩斯夫妇谨慎地将人们可能感受到的愤怒与他们试图遵循的标准区分开来。但他们也认为，随着时间的推移，理念会影响情感体验。然而，对于声称历史学家可以谈论愤怒，而不是谈论作为一种“话语”的愤怒，他们持谨慎态度。这就说明了为什么像《陈述早期现代英国女性的愤怒》（*Representing Women's Anger in Early Modern England*）这样的书名没有直白地起名为“早期现代英国女性的愤怒”（Women's Anger in Early Modern England）。但“话语”是回避关键问题的一种方式：社会构建的愤怒是真实的吗？无可否认，艾莉森和布伦特正在进行一场对话：他们的争吵具有社会作用，创造、修改、加剧或缓解他们持续发展的关系中的问题。但这并没有让他们的愤怒变得不那么真实。

★

当然，艾莉森和布伦特的对话是假想出来的。从这些案例转向一些现代的真实世界的案例，让我们从安东尼开始说起，他希望得到帮助来抑制自己强烈的愤怒，无论是对他所爱的人，还是对那些没有达到他期望的人。他当然感到愤怒——主观地，发自内心地。社会建构论者会如何解释他的愤怒？假设安东尼是一个适应社会的人（这当然是可能的），那么他的愤怒一定是在他的人际关系、他的文化以及他自己处理这两者的方法中产生的。我在第一章中讨论了佛教治疗师C.彼得·班克特对这个案例的评论，他做出了社会建构论的观察：安东尼生活在重视“正确、尊重和服从”的社会中。这些价值观属于一套严格的特定性别文化规范。因此，愤怒的人不仅将自己视为正确的、合适的和可接受的事物的最后堡垒，而且还认为自己为无数道德违规行为指出了正确的目标。[9]从这个角度来看，安东尼正在借鉴各种文化习俗，特别是从传统来看，人们有责任表达良性的、神圣的愤怒，这一传统仍然存在于我们之中。

伦迪·班克罗夫特（Lundy Bancroft）是一名家庭顾问，他工作的对象的施虐行为比安东尼还要严重。他对社会化如何运作有一种相对自上而下的看法，他说，在孩子身上创立价值观和信仰，这些价值观和信仰会持续到成年。班克罗夫特的治疗所针对的施虐者是由“他所成长的家庭、他的邻居、看的电视、读的书、听到的笑话……以及对他来说最有影响力的成人榜样”所创造出来的。他是他所处文化的产物，班克罗夫特的治疗在很大程度上集中于改变该文化灌输的价值观。[10]

但虐待行为并不根植于所有使我们社会化的机构中，即使是那些看似使施虐者社会化的机构也不例外。社会影响力不仅以一种方式发挥作用，它们对受其影响的儿童、青少年和成人具有多种意义和影响。班克罗夫特认为，我们社会中的一部分人会与施虐者勾结，给他们鼓励。例如，他指出，法律在传统上维护男性对其妻子的权利，即对家庭暴力的起诉“在1990年之前并不常见”。[11]

★

像班克特和班克罗夫特这样的分析的问题在于，它们过于笼统，就好像每个接受相同文化输入的人都会拥有相同的情感一样。但事实并非如此。我们必须超越宏大的抽象概念，以便更全面、更具体地理解每个人的处境。

同样地，对整个社会进行归纳意味着思考仅有一部分适用于所有人，而且或许完全不适用于任何人的全球社会规则。埃夫里尔通过查看统计的平均值并排除异常值来解决这个方法论的问题。他对高度同质化的人群做了问卷调查，要求他们记录自己愤怒的时刻，并分析他们回答中的共性。这是一种策略模式。另一个例子是汉内洛蕾·韦伯（Hannelore Weber），她直接询问人们愤怒的原因以及他们认为恰当的反应是什么。当她询问不恰当的原因和反应时，她得到了最好的结果。有数量相当惊人的人进行了成本效益分析，认为愤怒不值得费心。实际上，他们是沿袭玛莎·努斯鲍姆路线的新斯多葛主义，她认为美狄亚激烈的愤怒是毫无意义的，而且会适得其反（参见本书第三章）。[12]

作为一名历史学家，我更喜欢从情感共同体的角度来思考。这意味着深入研究微观环境，像安东尼这样的人以及我们所有人都于其中生活和感受。如果要做得彻底、得当，这就意味着要探索传记、完整的著作档案、口述历史和访谈、创意作品，不仅要探索一个人的，也要探索他或她的朋友、家人、同事等周围人的。这意味着尽可能充分地让人们深入生活的本质。只有这样，我们才能开始了解他们及其社会的有时相互矛盾的许多情感规范和价值观，了解它们是什么。不同的情感共同体可能会表现出表面上相似的愤怒情感。即便如此，感觉本身也会有非常不同的价值和意义，因此也会有不同的体验。通过提出在中世纪的法国所共存的3个情感共同体的简要案例（所有这些情感共同体都在其他地方做了更充分的讨论），让我来说明自己的意思。

让我们先从骑士说起。当中世纪的骑士被敌人围攻而无法战胜敌人时，他会向他的领主寻求帮助。他被期望以“悲伤的、眼含热泪的、恭敬的方式”接近这位伟人，以试图激起他的愤怒。[13]当他成功这样做的时候，他的领主也变得愤怒并对同样的敌人进行攻击。这一事件通常以某种解决方案结束，通常是通过谈判达成和平，以各方之间的友谊和爱的仪式为标志。

现在让我们将其与第七章中讨论的僧侣的叫嚣进行比较。僧侣也有敌人。为了对付敌人，他们在教堂的祭坛前使自己变得谦卑，他们的身旁是圣徒的遗物，也许还有十字架，他们对敌人大声咒骂，以获得上帝的倾听和他的帮助来击败敌人。这两种愤怒模式有许多相似之处，但这并不意味着他们的愤怒的经历或含义相同。僧侣并没有“生气”，就像马来半岛的闪迈人和加拿大北部的Utku人一样。相反，他们呼叫来上帝的愤怒。他们愤怒的主观感受怎么会和出征战斗的战士一模一样呢？

最后一个例子，想想大约在同一时间，图卢兹伯爵宫廷中的游吟诗人的愤怒。他们的歌曲表达了自己对夫人的强烈的爱，但这种情感被恐惧和背叛的断言所掩盖。虽然他们声称自己的爱情是纯洁的，但他们的夫人的感情却是善变和虚假的。游吟诗人用歌声表达了他们的愤怒，尽管“愤怒”这个词并不完全正确。他们使用的是“*ira*”这个词，在他们的语言（法国南部的语言称为古奥克西唐语）中，这个词既意味着愤怒，又意味着悲伤，有时还意味着两者的混合。我们通常没有办法翻译它，除非用一个复合的概念，即悲愤、怒哀。用雷蒙·德·米拉瓦尔的话来说：

> 因为贵妇们所做的错事，
> 爱的侍奉变成堕落。
> 因为她们表现出如此多的诡计，
> 最忠诚的爱人会悲伤地生气。[14]

在图卢兹，游吟诗人所吟唱的愤怒与悲伤交织在一起。我们很可能会怀疑游吟诗人是否在描述自己的个人感受，即使是在当时，也有人认为他们的歌曲是自传性质的。相反，让我们简单地说，他们的歌曲表达了一种特殊的愤怒，这种愤怒被他们的受众——首先是他们的资助者——普遍理解和欣赏。从这个意义上说，这是被构建的感觉，音乐家、他们的资助者以及各种朝臣和阿谀者在其中共谋。哲学家凯瑟琳·希金斯（Kathleen Higgins）探索了音乐（包括游吟诗人的音乐以及埃米纳姆的嘻哈歌词）可能被视为文化构建以及拥有生物学基础的各种方式。“判决”尚未有定论，但表演者和观众之间这种“协调”的想法似乎是富有成效的。跳舞、点头和跺脚都会促进“团结的感觉”，这种感觉取决于文化和固有回路。[15]同样的道理，那些对同一种音乐类型不感兴趣的人会觉得这种音乐很疏离。但是，根据我们对一些中世纪情感共同体的调研，图卢兹宫廷的娱乐活动中表达的愤怒与准备战斗的战士、恳切祈求上帝的僧侣的愤怒非常不同。

★

“*ira*”含义的模糊性是社会建构论者非常重视的事实。愤怒是我们社会的一种社会建构，从理论上讲，某些社会可能没有类似的东西。我们已经看到，闪迈人和Utku人从不或者说几乎从不生气。然而，两种文化中都有表达愤怒的词。在《不自然的情感》（*Unnatural Emotions*）一书中，人类学家凯瑟琳·卢茨（Catherine Lutz）对伊法鲁克（西南太平洋的一个小岛）的社会进行了研究，希望表明这些词语背后存在着截然不同的世界。她的众多目标中的一个是质疑我们对英语单词“anger”的简单使用，将其视为纯粹的、真实的情感。为什么其他诸如古奥克西唐语“*ira*”的词要用复合词来解释？为什么我们没有把“*ira*”视为真正的情感，而我们所使用的“anger”则是一个被除去精华的“*ira*”，即减去了悲伤之心的“*ira*”？在伊法鲁克岛上，没有人谈论“anger”。显然情况是这样，因为没有人说英语。但当卢茨指出这一点时，她不仅仅是指这个词。她的意思是，伊法鲁克语中没有一个与假设、隐喻、联系、原因、治疗、行为以及与“anger”相伴随的其他所有内容完全匹配的词。[16]

伊法鲁克人有一个词“*song*”，可以粗略地被翻译为愤怒。但是卢茨说，“*song*”与西方的“anger”不同，后者具有本书竭力描述的多种含义。“*song*”总是与违反道德联系在一起，有人扰乱了道德秩序，而其他人则因为自己不赞成这种破坏而“*song*”。卢茨使用“正当的愤怒”一词来粗略地翻译“*song*”的含义。她完全意识到西方的愤怒概念包括正当的愤怒之类的含义。但她仔细地区分了两者，认为在伊法鲁克，道德上的愤怒调整了人与人之间的关系，而在西方，道德上的愤怒则关乎个人权利。

正如我们所看到的，西方的愤怒在构建人际关系中也发挥着作用，但伊法鲁克的“*song*”则不同，因为它总是与道德判断联系在一起。封建领主朱埃尔对解放他的农奴一事没有征求他的意见而感到愤怒，但他并没有声称解放本身违反了神圣的禁忌。“*song*”与正义、社会秩序的联系将感受到“*song*”的人提升到权力的位置。虽然任何人都可以表达“*song*”，但它通常是伊法鲁克酋长的特权，是对他人的情感生活所强加的自上而下的建构。这是在没有暴力的情况下完成的，通过回避冒犯者、闲聊等。被冒犯的人预期会（并且也确实会）感到害怕，他或她最终会道歉，也许会支付罚款或送礼物给感到“*song*”的人，以结束这一事件。当人们每天履行许多社会义务时，他们通常会尽量避免让别人感到“*song*”，就这样，“*song*”的那种愤怒充满讽刺地让伊法鲁克变成了一个和平的王国。

卢茨坚持认为“*song*”与英语中的愤怒不同，并且仔细区分了“*song*”的那种愤怒与人在生病时所感到的易怒

（*tipmochmoch*）和受到轻视时感受到的气恼（*tang*），这表明语言学家可能倾向于社会建构论观点。有些语言学家确实如此，安娜·维尔茨比卡（Anna Wierzbicka）认为，代表情感的不同词语表达了有关如何体验这些情感的一些重要内容。她警告我们"不要将另一种文化的经验分类解释为英语词汇中所公认的这种或那种情感的子类型"。[17]另外，佐尔坦·克韦切什（Zoltán Kövecses）认为"许多不相关的语言"都对愤怒有一个建构性的关键隐喻，"生气的人是压力容器"。这产生了更复杂的相关隐喻"愤怒是容器中的炙热液体"。在英语中，这些类比的结果包括：

——压抑已久的怒火从心底涌出。

——比利只是发泄一下。

——当我告诉他时，他简直爆炸了。

——我的筹码没了。[18]

一些历史语言学家采用了相同的观点，在古英语中找到了不同的统治隐喻——那些表达痛苦和膨胀的隐喻，因为在1066年诺曼人征服英格兰之前，古英语是占优势地位的英语形式。[19]这样的研究与社会建构论相吻合，因为隐喻是社会构想现实以及因此构想情感在个人和世界中的作用的主要方式。然而，至少在愤怒的情况下，克韦切什认为"压力下的液体"的比喻符合我们的"真正的生理学"。他引用了保罗·艾克曼及其同事的研究，后者声称，"美国和（苏门答腊西部的）米南加保族被试的皮肤温度和脉搏频率在愤怒时都会上升”。[20] 这样，我们的观点又回到了盖伦学说中的身体。但其他学者报告说，愤怒之人的心率和收缩压与恐惧之人的相差不大，虽然他们面部的皮肤温度在升高，但手指温度却下降了。[21]

★

社会建构论有多大用处？在其他方式中看起来“非理性”的感受和行为，诸如在咒骂的和尚和争吵的夫妻这样的例子中，社会建构论确实有助于从中看到目的。此外，它非常符合心理构造的理论，该理论认可社会规范的重要性，通过假设大脑不断发展，并且总是为新的预测和概念化创造新的神经通路（包括家庭、学校、歌曲等引入的）来达成这一点。但社会建构论也对基本情感理论有效，特别是当强调呈现规则而不是面部表情或大脑区域的普遍性时。当生成论者强调皮质在改变其下的基于生物学的大脑系统的作用时，生成论者也会同意社会建构论者的观点。

此外，社会建构论提醒我们，二元的先天与后天并不是真正的对立，而是简化了更为复杂的现实。确实，我们的身体是生物实体，在某种程度上限制了我们是谁以及我们如何行动、举止、说话和感觉。但我们的身体确实是由周围环境塑造的。表观遗传学家已经展示了外部条件如何关闭一些基因，以及打开一些其他基因，并修改它们。其中一些变化可能是遗传的。人类学家警惕这些发现的社会影响，他们谈到了“表型适应”。例如，在城市中，贫困社区相当于一种生态位，即“具有塑造有机体的（可遗传的）影响，尤其是对行为、认知和健康的影响”，在巴西，贫困的后果包括“肥胖、骨骼强度下降和某些心理障碍”。[22]我们的情感与我们身体的其他方面一样容易受到环境条件的影响。

但社会建构论在某种程度上也令许多人不满意。尽管它认识到个人能动性在创造情感方面的重要性，但它甚至也倾向于在这里找到一些通用公式。因此，巴贾·梅斯基塔（Batja Mesquita）和她的同事采访了日本和美国的被试，了解他们如何处理人际关系冲突，在这两种文化中，冲突都与愤怒有关。然后他们总结了自己的发现：

> 在北美的语境中，人们把冒犯的情况视为对个人自主性和自我价值的威胁……并通过重申自我和报复他人来解决这一情况。在日本的语境中，人们往往把冒犯的事件解释为对关系的威胁，需要更好地理解对方的动机……在这些情况下，恰当的行为是保持冷静。[23]

人类学家安德鲁·比蒂（Andrew Beatty）反对这样宏大的概括。他建议我们从叙事的角度来思考，这些叙事充分抓住了个别案例的特殊性，包括它们的背景故事和历史，其中包含着可能不具有“典型性”的活生生的人。[24]他描述了爪哇岛发生的事件，在这些事件中，西方人会诉诸愤怒，但事件相关的人却并没有这样的经历。比蒂克制住了自己的冲动，没有将其总结为“爪哇人不会生气”。他坚持以独特的方式对待每种情况。他讲述了这样一个故事。有一天下午，比蒂的邻居农夫满面笑容地欢迎比蒂来到他家。然而，比蒂晚些时候发现，此前不久，这个可怜的人发现他唯一的生计来源，即他的牛被下了毒。尽管（正如农夫最终向比蒂解释的那样）他确实考虑过这件事可能是谁干的，但他认为损失是他“应得的，是注定要让他意识到的打击”。他对女儿没有受到伤害感到轻松。比蒂并没有推断出农夫感到愤怒，但没有把它表现出来。相反，农夫实现了一种“解脱，他拒绝了感受。他关心这件事，但没有产生情感”。[25]他没有试图克制自己的愤怒（如塞涅卡所建议的那样），没有拒斥它（如佛陀所建议的那样），也没有进行转换（如玛莎·努斯鲍姆所希望的那样），因为在比蒂看来，他完全绕过了愤怒。为了得出这个结论，比蒂必须在这个特定的时间看到这个特定的人所经历的整个事件，并且他必须非常了解这个人。比蒂是一位人类学家，他像小说家一样思考，并希望其他人也这样做。

在农夫的例子中，愤怒是消失了。而在其他情况下，愤怒的表现是非常明显的，但在这里，社会建构论也因为消除了这种感觉的力量和激情而受到指责。多年来，人类学家雷纳托·罗萨尔多（Renato Rosaldo）一直不明白，为什么在菲律宾的伊隆戈人（Ilongot）那里，丧亲之痛是导致他们杀害其他人的动机之一。经过大量的计划和准备，悲伤的伊隆戈人出发去等待受害者，任何一位受害者，以便砍下他或她的头，并将其扔在地上。他们说，通过这种方式，他们“抛掉”

了愤怒。尽管狩猎头颅是伊隆戈人“最显著的文化习俗”，但罗萨尔多在社会需求或功能中找不到这种行为的关键之处，对这种现象的概括都是常规的人类学解释。相反，他在个人经历中发现了伊隆戈人狩猎头颅的原因，他的妻子也是一位杰出的人类学家，当时她在一场离奇的事故中去世。然后罗萨尔多被愤怒、悲伤和其他许多“有力量的出于本能的情感状态”所征服。虽然他本人并没有去狩猎头颅，但他现在了解了伊隆戈人的悲伤中所蕴含的具有力量的愤怒。[26]

以此为出发点，罗萨尔多批评某些类型的社会建构论，认为它们是思考情感的尤其不情感化的方式。和比蒂一样，他要求人类学家研究固定程式之外所发生的非结构化的、自发的活动，他希望社会建构论者能够审视随着时间的推移而出现的“陈词滥调”，始终牢记情感的非凡力量。

最终社会建构论也因其道德中立性而受到批评，这是威廉·雷迪的控告。他本人接近于社会建构论者，声称掌权者总是将自己的情感强加给我们其他人，他说，“情感的政权”是支撑掌权者的“一组规范性情感”。[27]此外，在他看来，自下而上的社会建构是通过他所谓的“情感避难所”发生的，人们在其中开辟了空间，以摆脱政权的限制。然而雷迪拒绝接受社会建构论的伦理内涵，因为它无法提供批评任何社会或政治秩序的方法。如果一切都是社会建构的，那么观察者就没有客观的立足点来发表道德判断。首先，因为观察者自己的判断是被构建的；其次，没有任何东西赋予观察者谴责或赞扬其他社会及其习俗的道德权威。雷迪声称找到了道德判断的客观立足点。这种立足点并不是说某种情感是好是坏，也不是说情感应该以这种或那种方式表达。相反，“情感自由”是好的，在我们学习、成长和改变人生目标时，这是改变我们自己的情感、重新思考和重新表达情感的自由。那些提供了空间让人们以多种不同方式去感受的社会比那些不提供空间的社会更自由，对雷迪来说，前者也更好。

但即使在这种观点中，观察者也必须对哪些社会是自由的作出判断。如果美国人比闪迈人更自由地表达愤怒，而闪迈人比美国人更自由地表达恐惧，那么哪个社会拥有更大的自由？表达羞耻的自由与表达爱的自由一样在道德上都是卓越的。当然，雷迪所谓的自由不仅意味着表达自由，还指的是“改变目标的自由”。虽然这些都是心理过程，但其中大多数都需要在世界上做出一些行动。然而，观察者可能会合理地问，每个人都可以完全自由地改变自己的目标和承诺，这样的社会是否会出现社会性的混乱，以致在道德上比其他社会更糟而不是更好。

★

社会建构论者反对这样一种普遍观点，即愤怒是人性自然的一面，而且实际上也是基础的一面。想想德国针对移民的袭击事件增多这一情况。《纽约时报》中一篇文章的作者将这种袭击事件归咎于脸书利用“诸如愤怒或恐惧这样的消极、原始情感”的做法。[28]然而，从社会建构论者的角度来看，脸书几乎没有利用任何“原始”情感，它本身就强加了社会建构的假设，即愤怒和恐惧很容易被利用。社交网络正在吸收少数人创造的情感，并以某种方式放大它们，使它们看起来像是多数人的情感。正是脸书制造了这种少数人的情感状态。

第十二章

赞美愤怒

每当我向朋友和熟人提到我正在写一本关于愤怒的书时，他们的反应几乎总是，“真是太合时宜了”，或者是，“它肯定能帮到我们”。如今，我们生活在潘卡吉·米什拉（Pankaj Mishra）所说的“愤怒时代”中，这种观点很普遍。[1]但20世纪80年代也可以说是“愤怒时代”，当时彼得·斯特恩斯和卡罗尔·斯特恩斯合写了一本关于美国人对愤怒的接受度下降的书。斯特恩斯夫妇反驳道，任何看似“随心所欲地发泄愤怒”的行为都只是人们对“一些非典型来源的线索”的误读。这对夫妇认为，开始于维多利亚时代的反对愤怒的运动在他们的时代仍在快速进行着。[2]

今天所发生的很有可能也是类似的情况。即使公众眼中的每个人似乎都很愤怒，或者被宣称很愤怒，旧的标准也仍然存在：今天几乎没有给人提建议的书会提倡愤怒，愤怒管理的课程也很多。尽管如此，我们仍有充分的理由认为，愤怒目前很受重视，而且，至少在某些圈子里，人们会赞美愤怒。尽管这并不是什么新闻，但它被当今包围着我们的媒体重新放大了。

必须强调的是，这并不是什么新闻。米什拉的书以诗人、未来主义者和原始法西斯主义者加布里埃尔·邓南遮（Gabriele D'Annunzio，卒于1938年）的例子开篇，后者创立了“阜姆自由邦”（Free State of Fiume），并主张通过暴力、死亡和牺牲来恢复“男子气概”。用米什拉的话来说，邓南遮是“欧洲愤怒的、不合群的人的机会主义先知”。[3]

但那些不合群的人是否美化了自己的愤怒？他们赞美了自己的愤怒吗？还是说，愤怒是他们对邓南遮的崇拜背后不言而喻的情感？米什拉认为，1900年左右的政治上的民族主义运动和经济上的全球化运动是我们这个愤怒时代的先例，他认为邓南遮是我们这个时代民粹主义者的先驱。乌法·詹森（Uffa Jensen）关于当今德国“愤怒政治”的书也提出了大致相同的观点。米什拉和詹森都断言，在19世纪，现代性将西方人从传统的社交茧房——村庄、社区和家庭——中连根拔起，并将他们扔进了恐惧、焦虑和怨恨的旋涡中。[4]如今，同样的力量也影响了居住在世界各个角落的每个人。米什拉表示，“伊斯兰国”和邓南遮的追随者是同一类人。詹森认为，19世纪的反犹太主义是今天极端保守主义的彩排。

我基本上同意他们的观点，并且我将不时地在这里提出这些观点。但在大多数情况下，我想关注一些不同的事情：在我们今天的话语中，我们不仅利用愤怒，还表扬愤怒、需要愤怒、准许愤怒并赞美愤怒。我认为，这种愤怒虽然根源于过去，但它不仅源于我们现代生活的无根性、不幸和焦虑，还源于一些鲜为人知的事情：我们的荣誉被侮辱和诽谤的感觉，我们需要维护它并要求别人承认它。在当今社会，我们不再进行决斗，对荣誉这个词的使用也大大减少了，也许只有在指称遥远文化中的“荣誉谋杀”时使用。但荣誉感被忽视、轻视，不被尊重——也就是荣誉感被（以各种方式）蔑视的情况似乎很普遍。这以多种方式带着我们回到了对愤怒的古老定义：无权施加伤害的人被认为故意造成了伤害，愤怒是对这种伤害的回应。随着互联网、有线电视、错误信息宣传和无线电广播喋喋不休地放大了我们的被伤害感并鼓励我们愤怒，我们开始忽视本书中概述过的其他长期传统，即放弃、控制和批评愤怒。

过去，愤怒主要受到谴责，或者充其量在某些严格的情况下被认为是合理的。但它得到称赞了吗？是的，受到了一点称赞，但只有当“配得上”感受并表达愤怒的人感觉到它时，这些人主要是男性，而且主要是精英男性。其他人可能会大发牢骚以及发火，但他们的愤怒并不是真正的愤怒，并不高贵且正义。确实，中世纪的神职人员将愤怒列为七宗罪之一，他们也认为人们，而且是所有人，都应该对罪恶感到愤怒。但当我们停下来问一下，在现实生活中谁有权正义地愤怒时，答案是男性神职人员或男性战士。一些中世纪的妇女有着正义之怒，但我们主要从圣徒传记中了解到她们：她们位列所有人中最精英的一群人，即圣人。

这种情况发生了变化。抗议运动越来越多地声称愤怒是他们与生俱来的权利，正如我们从中世纪晚期的大众抗议中看到的那样。最终，在休谟、斯密和其他启蒙思想家的哲学中，愤怒被赋予了道德角色。在卢梭的著作中，对不公正的愤怒是所有男人的权利和义务，也是所有女人的。事实上，在17世纪和18世纪中，愤怒在理论上已经被民主化了。到了法国大革命时期，作家可以声称，全体“法国人民”在攻占巴士底狱时都表达了“正义的愤怒”。即便如此，这仍然是只出现了一次的例子。在很大程度上，法国大革命的言辞涉及“人和公民的权利”。

美国革命者说：“激情是狂风。”他们的想法与英国朋克摇滚歌手约翰·莱登（Johnny Rotten）的想法大致相同，他在1986年录制了歌曲《站起来》（*Rise*），其中不断重复着“Anger is an energy”（愤怒是能量）。莱登唱道，无论你是谁，是错还是对，无论你是黑人还是白人，你需要知道“书面文字是谎言”，你必须与压迫制度作斗争，你需要站起来并且上路，你需要愤怒的能量。[5]“愤怒是能量”成为他自传的主题。[6]

将美国革命者所引发的激情与莱登的歌词进行比较似乎有些轻浮，但我认为事实并非如此。莱登想到的是种族隔离制度下的南非。这就是“他们在我头上放了一根火线，因为我所做和所说的事情，让这些感觉消失，在各方面都是模范公民”这句话的意义。莱登解释说，这些话“指的是推行种族隔离的政府正在使用的酷刑手段”。[7]简而言之，莱登将南非受酷刑者的痛苦转化为他自己的个人创伤。这让他很生气，他在《站起来》中告诉其他人要愤怒，这是他非常公开的、响亮且激烈的歌曲。20世纪60年代的妇女运动流行了“个人就是政治”的口号。[8]对于莱登和今天的其他许多人来说，个人愤怒是要求一种政治声音的说话方式、标志和选择风格。各个政治领域的人都希望自己的声音被听到。

2018年9月，当唐纳德·特朗普总统提名的最高法院大法官布雷特·卡瓦诺（Brett Kavanaugh）被指控性行为不检时，他在参议院司法委员会作证时表现出明显的愤怒。有时他模仿艾克曼式的面孔：嘴角冷笑，眉毛皱在一起。他表达了他的“愤怒”。他指责民主党精心策划了一场“政治打击，明显是因为对特朗普总统以及在2016年大选时压抑了愤怒，借此火上浇油”。[9]在卡瓦诺的演讲结束后，特朗普本人（本身就是“永不示弱”这句格言的追随者）显然非常高兴。[10]其他人也纷纷附和。

政治光谱另一端的人们，即特朗普的反对者，出于相反的原因也感到愤怒。对于那些认同卡瓦诺的原告克里斯蒂娜·布莱西·福特（Christine Blasey Ford）的女性来说，情况尤其如此。“作为一个女人，作为一个慈爱的母亲……我很愤怒。我愤怒极了。”作家詹妮弗·韦纳（Jennifer Weiner）在《纽约时报周日评论》（*New York Times Sunday*）的头版上写道，她正在深思即将举行的参议院听证会。“我发现自己……陷入愤怒之中。我的双手握拳，我咬紧牙关，夜晚我的牙齿咯咯作响”。她对愤怒的描述可能直接来自盖伦或达尔文。然而，与他们想象中的愤怒不同，韦纳的愤怒是针对一个系统，她称之为“兄弟会老男孩”，这些人管理着我们的社会，参与或至少对性骚扰视而不见。她并不是对某个特定的人生气，不是对唐纳德·特朗普，不是对布雷特·卡瓦诺，甚至也不是对那些似乎有可能认可她的观点的共和党参议员。她想“烧毁”（正如她所说的）整个“兄弟会会所”，也就是我们的社会。[11]

★

怎么就到了各方都赞美愤怒的地步了呢？在19世纪末20世纪初，各国有义务以民族主义的名义将众多迄今独立的地方文化整合为一个理想的民族。反对这种令人不习惯的统一的是根深蒂固的偏见。这些偏见都受到新的伪科学的种族观念的支持，这些观念也使宗教成为一个种族类别。这就是为什么19世纪的德国人可以自信地描写犹太人的“民族精神”（*Volksgeist*），这是犹太人永远无法摆脱的东西，即使他们皈依了基督教。他们也永远无法融入德国社会的其他人群，因为他们本质上是陌生人。

古代人谈论不同的种族但蔑视他们国界之外的种族。但有一种观念认为种族是遗传的，它对（低等或优越的）不可磨灭的文化负责，它给每一个属于该文化的人都打上烙印，它是生物性的，且不可避免的，这种观点是欧洲发明的。“血统的纯正”是15世纪西班牙宗教法庭所使用的口号（它得到了大众的大力支持），以防止皈依的犹太人与西班牙社会的其他人融合。19世纪，随着欧洲贵族在法国大革命后逐渐失去地位，种族歧视变得更加不容忽视。阿尔图尔·德·戈宾诺（Arthur de Gobineau，卒于1882年）强有力且具有影响力地指出："所有文明都源自白人种族，没有任何文明可以在没有白人种族帮助的情况下存在，只有当一个社会保留了创造它的贵族的血统时，它才是伟大和辉煌的。贵族是创造社会的群体，前提是这个群体本身属于我们物种中最杰出的分支。"[12]格雷戈尔·孟德尔（Gregor Mendel，卒于1884年）对基因遗传的发现使优生学家认为，心理健康、犯罪行为、智力和道德是遗传的，在各个种族中以不变的特有方式分布。优生学家将人类的"控制繁殖"和"淘汰"作为他们计划的一部分。

人类学家、科学家和许多其他人为破除种族神话而开展的长期运动仅取得了有限的成功。美国人口普查局要求人们表明自己的种族，但它至少在口头上承认"种族"是一个社会建构的类别，而不是基于生物学的类别，"人口普查问卷中包含的种族分类通常反映了种族的社会定义……而没有尝试从生物学、人类学或遗传学上定义种族"。[13]因此，人们可以在人口普查表上勾选多个种族。即便如此，固化的种族观念仍然渗透到我们的认知中。

种族思维不可逆转地导致许多人认同某一种族，感觉自己的种族没有获得本应拥有的荣耀，并断言其他种族的存在损害了自己的尊严。这是白人民族主义口号"你不会取代我们"[14]的前奏，另类右翼示威者在集会上不断重复这句口号，其中最臭名昭著的是2017年弗吉尼亚州夏洛茨维尔市的示威活动，这一活动反对拆除南部邦联的将军罗伯特·E.李（Robert E. Lee）的雕像。在那里，这句口号有时被改写为“犹太人不会取代我们”。作为另类右翼，李是“白人”的捍卫者，因此拆除这座雕像是对“白人”的侮辱。

“你不会取代我们”这句口号源自法国极右翼作家雷诺·加缪（Renaud Camus）提出的观念，并通过他的著作《大取代》（*Le Grand Remplacement*，2011）流行起来。加缪认为法国社会正在被中东移民“取代”。同样的事情也发生在美国，“建国者的后代突然发现自己成了少数”，加缪写道，理论上每个人都喜欢“整合”、“同化”和“多元文化主义”等抽象概念，但当人们把它们真正付诸实践时，每个人都感到恐惧。[15]

事实上，这种“恐惧”在加拿大另类右翼活动家劳伦·萨瑟恩（Lauren Southern）的油管（YouTube）视频中呈现出视觉冲击力。她展示图片以及引用统计数据来证明移民人口的“病态高增长率”，展示了成群结队的人们跳过障碍并涌入边境的图片。她哀叹道，我们的“西方价值观”（没有说这些价值观是什么）将会消失。萨瑟恩生气了，但她生气时是一张很漂亮的脸，与塞涅卡不同，她不会因照镜子而感到尴尬。她的愤怒打着对愚昧之人的怜悯和困惑的幌子得到表达，这些人看不到“我们”即将被“他们”取代。她的愤怒是长期的、持久的。只要她看见移民，她的愤怒就会持续缓慢燃烧。正如乌法·詹森指出的那样，如今的愤怒是“一种永久的状态，它是由（无论是真实的还是想象的）不公正立即释放出来的，而我们随后想要纠正它”。但是，正如詹森同样指出的那样，这种持久的愤怒试图“爆发出来变成完整的情感”。[16]我们在夏洛茨维尔市白人民族主义示威者的刺耳口号中看到了这种爆发。他们的愤怒因荣誉受损所产生的道德愤慨而加剧。这场运动利用了这样的观念，即白人受到所有人的“不尊重”——所有人即属于非白人种族的人或者是属于政治自由派的白人。遵循白人至上主义的杂志《美国文艺复兴》(*American Renaissance*)的创始人贾里德·泰勒(Jared Taylor)，以同样的方式批评《纽约时报》提拔亚裔莎拉·郑(Sarah Jeong)进入其编辑委员会。“郑小姐的任命体现了双重标准：不尊重受保护阶层是卑劣的，但蔑视白人却是好的”。[17]

泰勒所感受到的“不尊重”以及来自《纽约时报》和其他方面的蔑视，这些情感也是阿莉·霍克希尔德在她的书中所探讨的处于愤怒核心的伤害，她的这本书关于住在路易斯安那州的一群极右追随者的情感。[18]他们将“媒体精英”对他们的报道视为诽谤，这加剧了他们的愤怒，他们对“红脖子”(redneck)一词感到愤怒。他们为自己的基督教价值观和生活方式感到自豪，但他们觉得这些价值观和生活方式遭到了围攻。他们相信自己是具有坚强道德品质的男人和女人，努力工作，作出了牺牲。然而他们却很少得到理解。霍克希尔德在某种迷思中发现了他们的“深层故事”，他们感觉自己好像一直在耐心地排队等待实现“美国梦”，却发现其他远不如他们有价值的人已经在他们前面插队了。领取救济金的人所领到的钱是霍克希尔德的受访者缴纳的税款；人们因为平权法案而获得晋升，仅仅因为他们是黑人而获得成功；那些“暴发户”是“女性、移民、难民”。

但是，为什么路易斯安那州的被调查者对他们遭受的工业伤害并不感到愤怒？这些工业使他们患病，污染了他们的环境，工厂解雇了他们并削减了他们不断变少的工资和养老金。他们当然知道这些事情，他们对失去曾经捕鱼的清澈水域，曾经的原始土地现在变得肮脏和有毒而深感悲痛。这个问题的答案是，他们承受这些伤害是因为他们不认为这些伤害是有失尊严的，他们相信进步并接受进步是有代价的。他们认为污染企业是怀有相同目标的邻居。事实上，他们也认为自己是商人，尽管与他们所效力的石油和其他行业相比，他们的企业规模小得难以想象。对这些路易斯安那人的真正侮辱来自“自由主义者”和自由主义者支持的联邦计划。在他们看来，政府忽视了他们的荣誉，那份属于辛勤工作的白人、基督徒的荣誉。

欧洲和美国并不是仅有的产生心怀恐惧、仇恨和愤怒的群体的地区，这些群体是“你不会取代我们”这一口号的原因。正如我所写的，在缅甸，佛教徒杀害、强奸罗兴亚穆斯林并将其驱逐出若开邦。尽管佛教本身拥有完全不同于西方颂歌的悠久传统，即以杀害或驱逐他人为美德（参见本书第一章），但缅甸也受到西方种族主义及其口号的强有力的影响。

记者弗朗西斯·韦德（Francis Wade）在其有关缅甸的书中指出，当穆斯林在9世纪首次抵达若开邦时，他们很容易被吸纳。那时的边境线漏洞百出。若开族人向西迁入邻近的孟加拉国政治组织，同时也有来自另一个方向的移民迁入若开邦。当时，若开邦是一个独立的王国，其统治者虽然崇尚佛教，但也欢迎各种民族和宗教。然而，这种多样性被英国人侵蚀，在19世纪，英国人接管缅甸时结束了君主制和若开邦的独立。（就像在欧洲和美国一样）国家统一再次意味着吸收和同化迄今各自独立的当地文化，而“解决方案”又是缺乏热情的。英国人坚信种族是生物实体，并渴望分裂若开邦以便他们统治，因此英国人在缅甸命名了（实际上是创造了）139个民族或“种族”。尽管划分种族在殖民地接管之前是史无前例的，但占领者所构建的分类被接受并归化了，甚至也被反殖民独立运动所接受，后者的革命口号是“种族、语言、佛教”。

1962年，军方夺取政权，并只将官方职责委托给“优越种族”，即所谓的“佛教种族”，罗兴亚穆斯林被剥夺了公民身份。但直到2012年，即缅甸军政府将部分权力移交给文官统治一年后，专门针对罗兴亚人的暴力才开始发生。当韦德就暴力事件采访佛教徒时，一名僧人宣称：“我们需要用自己的骨头筑起栅栏来保护自己。”[19]换句话说，杀人的不是他们，而是穆斯林，穆斯林试图消灭佛教本身。僧人继续说道：“佛教代表真理与和平，因此，如果佛教文化消失了，真理与和平也会逐渐消失……这可能是佛教的衰落，我们的种族将被消灭。”[20]一名参与焚烧罗兴亚定居点的若开族村民解释说：“如果我不保护我的种族，那么它就会消失。”[21]这些人本质上是在呼应白人至上主义的口号，“你不会取代我们”。

★

民主本质上树立了人们得到倾听和重视的期望。但潘卡吉·米什拉观察到，自1990年柏林墙倒塌以来，这些希望被激发了。“一场关于渴望的民主革命……席卷全球，激发了人们对财富、地位和权力的渴望……平等主义的雄心打破了旧有的社会等级制度”。[22]这种雄心使各方都成为受害者，“你不会取代我们”这一口号反映了极右翼迫切需要得到承认以及报复的愿望，向那些（在极右翼追随者看来）仅仅因为极右翼与众不同而侮辱他们的人复仇。

对于许多女性来说，早在米什拉所观察到的转折点的很多年之前，“民主革命”就开始了，首先是妇女争取投票权的斗争，然后是1960年代的妇女解放运动。但直到最近，它才与愤怒的修辞以及一种更符合男性风格的新形式的愤怒融合在一起。

这只在最近才发生，部分原因是尽管愤怒可能是一种能量，但它并不是供给能量的唯一方法。正如美国大革命和法国大革命强调“权利”一样，19世纪和20世纪初的妇女参政运动也是如此。它以美国人的形式举行了第一次集会，以完全没有愤怒的《感伤宣言》（*Declaration of Sentiments*）开始。这一宣言回应着《独立宣言》，以“所有男人和女人生而平等”这一“不言而喻”的真理开始。它谈到了“绝对专制”政府下妇女的“耐心忍受的折磨”。它列出了“男人对女人一再的伤害和掠夺”，并声称妇女感到自己“委屈、受到压迫，而且男人们欺骗并剥夺了她们最神圣的权利”。在权利的语言和“自然的伟大戒律”的激励下，这些妇女当然谈到了她们所受到的侮辱，但她们通过“给自己武装上最能抵御敌人最锋利武器的盔甲，即蔑视和嘲笑”来反击。她们呼吁女性采用圣女贞德的“宗教热情”和勇气。[23]

权利、自然法则、宗教、圣人的勇气，这些确实是很老派的诉求。在今天，我们有其他给予能量的模式，也不总是使用愤怒。当塔勒纳·伯克（Tarana Burke）于2007年发起MeToo运动（“我也是”运动）时，她只是想“让贫困共同体中的性侵犯幸存者被人们看见”。[24]即使在这场运动已成为推特标签之后，而且于2017年得到女演员艾莉莎·米兰诺（Alyssa Milano）推广，但它也牵涉痛苦、悲伤、治愈和同理心这样的情感，远超过愤怒。但MeToo运动是我们必须理解当前女性愤怒高涨的背景。

把MeToo运动与妇女参政运动进行比较可能有助于我们了解哪些事情发生了变化，而哪些事情没有。妇女政治联盟在1911年发表的猛烈抨击的文章指出，在纽约州，与女性不同，刑满释放人员拥有投票权。政治联盟的妇女生气了吗？她们显然没有，她们宣称自己不是“出于复仇的精神”。她们一致认为服刑结束的囚犯有投票权。但是，“我们满怀信心地向纽约州的每一位选民提出疑问，要求他们给出一个合理的理由，为什么对妇女实施强奸的4名男子应该成为自己情欲受害者的政治统治者”。[25]

我们会说，这种猛烈的抨击是愤怒的，因为这就是我们评估此类事情的方式。但这样说并没有赞美女性的愤怒，事实恰恰相反。这样的结果是可预料的，因为当这些女性想要赢得支持者时，表现出愤怒会适得其反。回想一下英语中“scold”（爱训斥者）这个词，这个词指的是一个愤怒的女人，并且人们总是用这个词贬低她。回想一下“愤怒的黑人女性”这个形象，它总是负面的。霍克希尔德观察到，当空姐生气时，她们必须付出艰辛的情绪劳动来压抑这些情感并微笑。就连加拿大极右翼人士劳伦·萨瑟恩在她的视频中也从未皱过眉头，的确，她总是展示出亲切的模样。布雷特·卡瓦诺的原告克里斯蒂娜·布莱西·福特在参议院司法委员会面前平静地表示，当两人还是青少年时，卡瓦诺侵犯了她，把她压在床上，并且用手捂住她的嘴，以防她尖叫。但她从未说过她对这件事感到愤怒，也没有说过这件事对她以后的生活所造成的创伤。事实上，她只承认一种情感，就是她对在国会讲话感到“恐惧”。她很温和，声音有点儿颤抖，但她并没有哭。在开场陈词后，她笑着打趣说，她可能需要一些咖啡因，并礼貌地补充道：“如果有的话。”当参议员查克·格拉斯利（Chuck Grassley）让她把麦克风拉近一点，但她做不到时，她还是答应了：“我会尽量让身体向前倾。”当被问及她如何确定自己关于这次侵犯的记忆真实时，她以关于记忆本质的简短科学课的方式回答道：“它在海马体中不可磨灭。”[26]

在听证会结束后的周末，丽贝卡·特雷斯特（Rebecca Traister）在《泰晤士报周日评论》（*Times Sunday Review*）的头版上写道："这就是人们告诉女性，在她们生气时应有的行为方式，不要让任何人知道，要开玩笑，而且要表现得甜美、理性以及脆弱。"她断言，相比之下，当男人"狂暴"地吼叫、咆哮、生气和流泪时，他们会受到称赞。[27]

特雷斯特描述了美国文化中女性和男性不同的愤怒表达规则。她还提倡让女性表现得更像男性。她的控告与那些妇女参政论者的并没有太大不同，男人践踏了女人的平等和尊严。但她并没有更多地使用权利的说辞，而使用了愤怒的话语。她说，女人和男人一样会愤怒，她们应该像男人一样利用它。

女性和男性的情感表达规则并不总是不同。在闪迈人、Utku人和法雷人中，男性和女性都不应表现出愤怒。但这种性别平等的情况在美国并不是真实存在的，因为斯特恩斯夫妇发掘了美国根深蒂固的愤怒管理传统。美国社会允许男性比女性更加尖锐，甚至因此而受到称赞。对于男性来说，在某些情况下，表达愤怒是实现自己目的的有效工具。请思考一下共和党参议员林赛·格雷厄姆（Lindsey Graham）在参议院司法确认听证会上的行为。格雷厄姆展示了"男性模板"，他对司法委员会4名女性成员之一、民主党人黛安娜·范斯坦（Diane Feinstein）大喊大叫，指责她的背信弃义。他用手指戳了戳她，做了个鬼脸，称这次听证会是"骗局"。当对卡瓦诺讲话时，他泪流满面，想象着"你和你的家人所经历的一切"。[28]现在考虑一下范斯坦的举动：她什么也没说。世界各地的人们都遵循情感规则，但在民主化的背景下，男性的愤怒是健谈且具有对抗性的，当它具有威望并与权力联系在一起时，一些女性就会想要像男性一样拥有表达好斗的愤怒的权利。

换句话说，愤怒和其他事情一样已经成为权力的隐喻。而且，再次回到经典的定义，我们可以说，今天的许多女性不仅普遍感觉受到男性特权和权力的侮辱（就像那些妇女参政论者一样），而且她们还想采取男性的愤怒行为方式，以便自我表达并重新获得荣誉。在卡瓦诺的听证会结束后，与参议员杰夫·弗莱克（Jeff Flake）同乘电梯的两名女性对他大声喊叫，这就是为什么这样做对这些女性来说意义重大。其中一位女性用手指着杰夫，而另一位女性要求他看着她的脸，并因他说出“告诉所有女性，她们并不重要”这句话而指责他。[29]

当然，这种赞美女性愤怒的先例是有的。桑德拉·霍克曼（Sandra Hochman）所拍摄的纪录片《女性之年》（*Year of the Woman*，1973）展示了1972年民主党全国代表大会上的一幕，其中女性在唱歌：“我的眼睛看到了女性愤怒之火的荣光，几个世纪以来一直在缓慢积蓄，现在这个时代开始燃烧……我们的愤怒吞噬了我们，我们将不再向国王屈服。”[30]与此相似的是，在1981年全国妇女研究协会的会议上，奥德丽·洛德（Audre Lorde）的主题演讲以种族主义的定义开始，然后她继续说道：“我对种族主义的反应是愤怒……因排外、毋庸置疑的特权、种族扭曲、沉默、虐待、偏见、防御、错误名称、背叛和拉拢而产生的愤怒。”[31]这就是神对罪的合理的、公义的愤怒，有道德的人将其视为人类义务。女性当时所呼吁的、如今所鼓励的愤怒在很多方面都是基督教传统的世俗对应物，是它遥远的传承。但在当今媒体的回声室中，这种声音被放大为合唱。

特雷斯特在自己关于女性政治愤怒的著作《好不愤怒》（*Good and Mad*）中将这种政治愤怒与人际关系中普遍存在的愤怒区分开来，后者自佛陀时代以来一直困扰着大多数思想家。她所说的愤怒是约翰·莱登的愤怒。她赞扬这种愤怒能够给“战斗给予能量、强度和紧迫感，如果想要赢得胜利，这些战斗必须是激烈而紧迫的”。[32]对于特雷斯特来说，每一次社会变革的运动，每一次代表妇女权利提起的诉讼都是并且曾是由社会上富有成效的愤怒所推动的。这会让那些妇女参政论者感到惊讶。尽管如此，当今许多妇女运动的背后确实存在一种正义的愤怒感。

目前大多数针对女性愤怒的庆祝活动都被塑造为对公共事业的公众愤怒的赞扬。但公共和私人之间的界限往往是模糊的。想想埃丝特·卡普兰（Esther Kaplan）对20世纪70年代“提高女性主义意识”这一运动的记忆。她适时强调“那些妇女离开了她们的丈夫”，用她的话说，社会运动有可能“彻底改变我们，而不仅仅是彻底改变世界”。[33]即使当愤怒是一个公共问题时，它的表达也会渗透并充满我们个人内心和家庭生活的各个方面。

相反，在推特和脸书的时代，个人的愤怒可能会成为值得公开赞扬的事情。乔治城大学的一位安全研究教授对卡瓦诺听证会上参议员的男性文化感到愤怒。随后她在推特上写道："看看吧，这群有权力的白人为连环强奸犯的强权辩护。他们所有人都应该悲惨地死去，而女性主义者却会大笑。"后来她解释说："我的目标是创造一种语言，我在这个政权中被迫感受到多少不适，我就会赋予这个语言多么令人不适的特点。当司法委员会中的这些男人凭直觉攻击性侵受害者时，我不会告诉你我感到多愤怒和受伤。"[34]在这里，伤害的语言和它所引发的愤怒与其说让我们回到上帝的愤怒，倒不如说让我们回到亚里士多德的充满德性的愤怒。

伯克利的古典学家朱莉娅·西萨（Giulia Sissa）也是如此，她实际上改写了美狄亚的形象，使她成为英雄。这不是因为她纠正了伊阿宋犯下的巨大错误，而是因为她无惧于愤怒，实际上甚至为愤怒感到骄傲。西萨颂扬女人的嫉妒，以及每个被情人抛弃的女人的多情的、充满爱欲的愤怒。她斥责塞涅卡谴责愤怒并将美狄亚变成怪物，西萨自豪地宣称："现在我是美狄亚！"[35]她气得发狂。正如她在书中详细论述的那样，在整个西方文明进程中，男人总是被"允许"嫉妒，但女人的嫉妒却一直受到嘲笑、谴责，甚至被禁止。西萨放弃了这一传统。她将自己个人的愤怒公之于众，以使愤怒获得尊严，得到救赎以及赞美。在此过程中，正如男性嫉妒一直以来所拥有的，她希望给予女性被禁止的、可耻的嫉妒同样的荣耀。

★

2017年初，华盛顿特区发生了第一次女性大游行，第一位被要求站出来发言，以抗议特朗普当选和就职典礼的是亚美莉卡·费雷拉（America Ferrera），她将女性运动与“黑人的命也是命”（Black Lives Matter）运动联系起来，宣称：“我们要求结束对黑人兄弟姐妹的系统性谋杀和监禁……对于威胁到我们共同体中任何人生命和尊严的每一个行动，我们所有人将共同战斗、抵抗和反对。”[36]但事实上，在“黑人的命也是命”运动中，有关战斗、抵抗和反对的言论相对温和。当然，在2013年该运动首次发生时，它的情感主题是爱。在得知杀害手无寸铁的黑人高中生特雷沃恩·马丁的凶手已被无罪释放后，加利福尼亚州作家兼社会活动家艾丽西亚·加尔萨（Alicia Garza）说道：“黑人，我爱你们，我爱我们，我们的命也是命。”[37]加尔萨的朋友帕特里塞·库拉斯（Patrisse Cullors）创建了#blacklivesmatter的标签。这场运动是在密苏里州弗格森市的一名警察再次杀害年轻黑人男性迈克尔·布朗（Michael Brown）之后发生的。

“对特雷沃恩·马丁的死以及随后凶手被无罪释放感到愤怒……我们走上了街头。一年后，我们一起开启了前往弗格森市的‘黑人的命也是命的自由之旅’”。“黑人的命也是命。”网站上写道。[38]事实上，目前还不清楚“黑人的命也是命”运动在弗格森市抗议活动中是否那么重要。正如杰拉尼·科布（Jelani Cobb）所指出的那样，部分原因是该运动的组织是去中心化的且存在争议。[39]尽管弗格森的人们感到愤怒，但弗格森的人们也存在许多其他情感，而底层主题是共同体精神。用来自附近的圣路易斯市的一名抗议者的话来说："我们对此都有同样的痛苦和愤怒。那天我们都聚集在了一起。"[40]一位当地的民权活动人士在讲述自己参与抗议活动时，谈到了自己在街上看到布朗的血迹所带来的创伤。人们在警察局门前游行，"每个人都很愤怒。我很生气……这是我第一次在现实生活中看到警犬做好攻击准备……在如此动荡的情况下，我试图尽可能保持冷静，但看到那些警犬对黑人儿童咆哮后，我内心充满了愤怒……我决定直接向警察大喊大叫"。[41]愤怒无疑是"黑人的命也是命"抗议活动参与者当时的一种情绪。正如一位编年史家在2016年所写的那样，这与"遭受殴打、监禁、羞辱和虐待的普通黑人的深切愤怒有关"。[42]即便如此，这个群体并没有特别地赞美这种深深的愤怒。该运动的网站谈论了治愈，以及对"一种让每个人都感到被看到、听到和支持的文化"的追求。该运动确立的价值观是包容、团结、同理心、尊重差异。[43]

在由加尔萨主持的关于丽贝卡·特雷斯特的书《好不愤怒》的对话中，两人一致认为她们很愤怒，很多女性也很愤怒，而且她们赞美了这一事实。[44]但她们在谈论什么样的愤怒？事实上，加尔萨向特雷斯特提出了以下关键问题："为什么要写愤怒？而不是只写组织、宣传或行动呢？"特雷斯特回答说，以她自己为蓝本，在开始写作之前，她将愤怒描述为自己大脑中"冒泡的、沸腾的状态"，愤怒结果是正在发生的事情的组织原则。当她决定把写作主题定为愤怒时，“我突然觉得我要讲述的这些故事非常重要，而愤怒使这些故事中的一切都井然有序”。然而，加尔萨不太确定的是，从她的角度来看，也是从“黑人的命也是命”组织的角度来看，“人们所处的是不同的愤怒状态……而这些状态并不同步”。

加尔萨是对的，并非所有的愤怒都是一样的，甚至并非所有的政治愤怒都是一样的。它们有非常不同的起源和目标，因此它们给人的感觉不同，也必须不同。“你不会取代我们”所体现的愤怒与“我们将变得强大”所体现的愤怒不同，也与“我不会让你在我前面插队”所体现的愤怒不同。第一种愤怒是排他性的，并且夹杂着仇恨；第二种潜在地具有包容性并夹杂着勇气；第三种是怀旧、悲伤和悼念的复合体。然而，它们的共同点是其中所包含的正义感，即上帝站在自己这一边的感觉。出于这个原因，所有这些被赞美的愤怒对于感受到它们的人来说通常看起来都是好的和正确的。这有助于使他们坚定不移，这与主导情感、具有悠久历史的那种经常让人后悔的短期愤怒截然不同。

即使在这三种愤怒所对应的不同群体中，愤怒的情感也并不完全相同。想想左翼女性“我们将变得强大”的立场。特雷斯特将愤怒视为权力的工具，并希望无权力的人（或权力较小的人）采取愤怒的行事方式，获得愤怒的力量。她渴望民主能够发挥作用，渴望人们（特别是女性）被赋予能量、去投票、竞选公职、与其他女性一起规划和制定战略。她说，愤怒可以成为一种“生产力或催化力量”。[45]但文化评论家劳拉·吉普尼斯（Laura Kipnis）表示，她“愤怒”并不是因为女性缺乏权力，或者男性经常逃避对女性施暴的指责，而是因为公共资源没有被用于社会项目。[46]苏拉娅·切马利（Soraya Chemaly）认为，女性应该对家庭事务和政治事业都感到愤怒。[47]加尔萨感兴趣的主要是发起一场“有影响力的、负责任的、有效的运动”，如果愤怒是发起这一运动的工具，那很好[48]；如果不是，那么愤怒就不是真正的问题。

同样，在右翼阵营，接受霍克希尔德采访的路易斯安那人的感受也不完全相同。她的一些研究对象受到忠诚感的启发，不会去挑战为当地人提供就业机会的公司，即使这些工作会带来可怕的危险。有些人则无奈地接受和适应其中会给环境带来污染的公司的一些需求。最后，另一些人则将自己的英雄气概、敢于冒险的态度转变为不表达任何抱怨的充分理由。支持这些不同但同样来之不易的价值观的是来自他们自己的愤怒。

宗教哲学家约翰·吉尔斯·米尔黑文（John Giles Milhaven）在《善好的愤怒》（*Good Anger*）中表示，他不会讨论“任何只具有建设性的愤怒”。这是因为“我们不需要对这种愤怒提出价值问题。毫无疑问，关于变革或解放的愤怒本身就是好的”。[49]对他来说，这种愤怒的伦理好处是显而易见的。愤怒确实在传统上被认为是一种道德问题，它要么被彻底拒绝（如塞涅卡和佛教徒的观点），要么是当它在适当的时间，以适当的方式被表达给适当的人时，应该被明智地接受（如亚里士多德及其继承者的观点）。但只有当它与敬虔的愤怒联系在一起时，它才成为一种坚定的、永久的、不可动摇的立场。今天每个政治团体都声称他们的愤怒“只具有建设性”，他们想要的只是“改变或解放”。但问题在于，他们对正义、进步和自由的看法截然不同。当许多（通常世俗化的）罪恶概念相互竞争，以争夺愤怒的正义徽章时，我们似乎陷入了僵局。

对我而言，女性大游行强调了这个议题。当时费雷拉所做的不仅仅是将妇女运动与美国黑人议题联系起来，她还代表移民和女性发言，哀叹自己的痛苦，并维护自己的尊严和权利。她对当时刚刚掌权的“仇恨和分裂纲领”感到悲痛。“但美国总统不是美国，他的内阁不是美国，国会不是美国，我们是美国，我们将永远留在这里”。[50]

由此，我们可能会悲伤地发现，左翼和右翼都在使用几乎相同的语言。双方都为失去的荣耀而哀悼，因看到自己的荣耀被否定、被忽视、不被尊重而哀悼。费雷拉的言论与夏洛茨维尔市的示威者的口号、极右分子劳伦·萨瑟恩的长篇大论、法国理论家雷诺·加缪的言论如出一辙。费雷拉的“美国总统不是美国……国会不是美国，我们是美国”与“穆斯林不会取代我们”，“犹太人不会取代我们”非常接近。而她的“我们将永远留在这里”这个承诺正是极右翼所恐惧、憎恶和拒绝的。事实上，美国总统、国会等都是美国，或者至少是美国的一部分，这是因为，在许多美国人看来，这些代表着他们恢复荣耀和尊严的途径。

因此，尽管愤怒不尽相同，但它们似乎都倾向于一个共同点、一种共同的话语，而这在某种程度上模糊了区分左派和右派的真正差异：其中一方代表被压迫者为社会正义而战，而另一方为了保护自己的地盘而战。双方似乎都很高兴回想起在1976年的电影《电视台风云》（*Network*）中首次流行起来的口号，该口号预见并讽刺了即将到来的对愤怒的评价。演员彼得·芬奇（Peter Finch）在电影中说出的那句著名短语“我气得要命”（I'm mad as hell），这句话已经在流行文化中获得了自己的生命。它已成为网络系列纪录片《年轻的土耳其人》（*The Young Turk*）的标题，乐队美国女孩（U.S. Girls）、The Funkoars和Thor的歌曲名称。彼得·芬奇在新闻编辑室里的愤怒片段是众多网络动图的主题。澳大利亚广播公司（ABC）播出了一档名为“肖恩·米卡莱夫的疯狂地狱”的节目，讽刺时事新闻。抗议标语上写着“气得要命”（Mad as Hell）。这句话经常出现在报纸头条中。这句话是什么意思？事实上，这是毫无意义的，“气得要命”赞美对一切事物的愤怒，但什么也没有。它可以作为任何反对派的标签。

★

如果回到亚里士多德对愤怒的定义，来了解当今各种政治愤怒背后的原因，这样做如果有用的话，那么区分我们的愤怒和他的愤怒也同样有用。亚里士多德认为愤怒既令人不快又令人愉悦。令人不快是因为这是对那些轻视我们的人进行报复的痛苦欲望。令人愉悦是因为复仇的沉思是甜蜜的。复仇的现实可能性就是为什么没有人能够“对那些比我们更有权力的人愤怒”，因为在这种情况下，复仇的希望微乎其微。[51]此外，亚里士多德说，如果人们对普遍的人或群体，而不是对特定的人有这种感觉，那么愤怒就是错误的。

因此，亚里士多德的愤怒是相当短暂且实际的。有人轻视你，你反过来侮辱他，然后继续前进；或者你计划好你要对他施加的侮辱，然后改天再实施。但“你不会取代我们”的愤怒不是短期的，因为它针对的是那么多的群体。事实上，如果从逻辑上推出这句话的结论，那么“你”就是除“我们”以外的所有人。出于不同的原因，女性对特朗普的愤怒也持续存在，对她们来说，因为这不仅是针对他，也是针对特朗普主义所代表的内容：终止堕胎权，限制移民，否认气候变化，取消教育经费，等等。

亚里士多德可能会帮助我们认识到，将我们这个时代的各种愤怒联合起来的是荣誉受损的感觉。但他只能带我们走这么远，我们不能仅仅依靠他。那么，请考虑一下社会建构论关于愤怒的概念，来理解当前的赞美愤怒的活动。我们的社会和我们共同构建了我们的愤怒。今天，我们有各种各样有用的愤怒剧本，我们还可以精心设计新的剧本来适应新的目标和目的。在美国社会，由于愤怒在传统上与攻击性联系在一起，一些女性声称，新的剧本是以“美国方式”生气。由于传统上愤怒也具有标示出关系中出现的问题的角色，因此我们在本章中看到的所有愤怒的人可能确实正在准备在公共舞台上进行涉及许多群体的谈判。

危险依然存在，认为自己“站在上帝一边”的派系将冻结在永远无法改变的立场上。就连女性愤怒的狂热爱好者特雷斯特也警告说，愤怒“确实有限度、有危险，它当然会腐蚀。对不公正和不平等的愤怒在很多方面就像燃料一样。作为一种必要的催化剂，它可以推动——在某种程度上必须推动——崇高而艰难的十字军东征。但它也是易燃的炸药”。[52]可惜她用了十字军东征的比喻，难道她不知道这对于许多穆斯林来说是多么令人厌恶吗？但真正重要的一点是，即使是特雷斯特假定的敌人（当权者、另类右翼），他们也认为自己是在为正义而努力。问题在于他们对正义这个词的定义不是特雷斯特的。即便如此，她的观点还是言之有理的。如今赞美这么多愤怒的重要挑战是，从他们的“燃点”后退一步，再开始谈论愤怒。

结　语

我的愤怒，我们的愤怒

最后一次，请再考虑一下，当我还是小女孩时，我打了自己的洋娃娃。我生气了吗？从我那身处20世纪的美国母亲的角度来看，是的，我生气了，我的攻击行为证明了这一点，而我的母亲不喜欢这样。但也许我并没有生气，也许我的洋娃娃在地毯上撒了尿，而正如塞涅卡可能会说的那样，我正在实行“合理的惩罚”。又或者也许我很生气，但出于善好和正义的原因，就好像我是年轻的圣奥古斯丁那样，致力纠正我的玩偶的罪恶以拯救它自己。同样可能的是，作为一个小女孩，我正在收获必要的愤怒体验，笛卡尔和休谟等哲学家认为，如果要培养出成熟的道德情感，人们就需要这种体验。

正如这些例子所示，道德一直是大多数有关愤怒的讨论的核心。愤怒是好还是坏？愤怒是对还是错？即使是相信社会构建或至少参与构建我们的愤怒的社会科学家也会思考其道德维度。当他们认为愤怒由当地共同体自下而上造成时，比起认为愤怒是自上而下强加的这一观点，他们会更加赞同前者。许多人把愤怒视为积极的事物，认为愤怒有助于调整人际关系或纠正世界上不正义的现象。其他人则谴责为快乐而付出的情绪劳动，但也钦佩那些面对可能会引发愤怒的事情却能够控制或抑制自己愤怒的人。

大多数科学家认为愤怒是人性中不可根除的一个因素。即便如此，他们也会考虑它的目的。对于盖伦来说，愤怒是由我们今天所说的自主神经系统引发的。用他的话来说，这是精神的表现形式，它使身体充满活力。当愤怒过于强烈时，就会对身体造成伤害。但人们总是需要愤怒的，有生命的人类的血液中需要有一点火。然而，达尔文提出了一个令人信服的新理论，即愤怒在物种起源和进化中发挥了重要作用，比起其他所有理论，这一理论具有压倒性的优势。从那时起，无论是假定的基本情感、心理构造论还是生成论，每一个关于愤怒的科学理论都声称自己完全是达尔文主义的。

因此，愤怒的道德意义和对愤怒的各种态度是不可避免的，从绝对拒斥到最热烈的欢迎。正是在这种宽泛的光谱的存在中，我们可以为自己的愤怒找到一些指导。因为这表明愤怒不是一件事。作为仇恨的一部分的愤怒（如佛陀的理论所说）与混合着愉悦和痛苦的愤怒（如亚里士多德的观点所说）不同，这些愤怒也不同于霍克希尔德所采访的愤怒，即极右翼的路易斯安那人的悲哀的愤怒。

所有这些愤怒在我们今天的社会中共存，尽管我们倾向于在我们的头脑和通俗语言中将它们混在一起，并将混合物的每一部分都贴上“愤怒”的标签。这是极大的遗憾。事实上，本书的目的就是要了解过去存在并且至今仍然存在的许多种愤怒。愤怒的道德存在于它的多样性之中。在我的这种表述中有两种意义，一是政治性的，二是个人性的。

在1789年美国宪法通过之前的辩论中，詹姆斯·麦迪逊认为，团结各个州将为“反对本国的派系之争提供防卫措施”。[1]他所说的派系之争是指一群人“出于某种共同的激情或利益驱动”而联合活跃起来，这使他们与其他群体或“共同体的永久和整体利益”发生冲突。他不想以唯一可能的方式——剥夺自由——来消除派系之争，因为他是“大众政府的朋友”。但他也没有想到任何现实的方法可以让每个人都拥有“相同的观点、相同的热情以及相同的利益”。他的解决方案是建立一种政府制度，防止任何一个派系将自己的意志强加于其他派系。

当麦迪逊谈到“出于某种共同的激情或利益驱动”团结起来的群体时，几乎就是在表达我所说的情感共同体的意思。我只会把他的“或”改为“和”，因为激情和利益是相辅相成的。在今天，我们发现自己被各种愤怒和利益驱使的群体所分裂。每个人都认为自己是正确的、正义的，甚至是能力卓越的，每个人都想将自己的利益以及如何解决愤怒的想法强加给其他人。这是一个死胡同，因为如果不扼杀所有自由的话，这种做法是不可能的，而这几乎不是一个解决方案。人必须是自由的，这就必然意味着他们会有各种各样的愤怒，但这并不必然意味着他们必须反对其他所有人。麦迪逊制定了制度来克制和平衡不同的激情和利益。我想建议，通过认识到愤怒不是一件事情，了解到当今存在的许多愤怒的价值观和根源，并像达尔文那样感谢多样性本身作为演化和变革的条件的巨大价值，我们可以振兴这一政治制度。

这在实践中会带来什么？这意味着我们会愿意教导我们的孩子，愤怒是通过不止一种面部表情得到表达的，而且它有多种形式，并与其他感觉结合在一起。广播、电视、互联网，所有这些媒体都有助于塑造今天的我们，它们会对多元愤怒观中内在的可能性保持警惕。我们自己会意识到我们所秉持的愤怒类型，并愿意了解甚至采纳和适应他人的愤怒和利益。

借用这句格言：政治是个人的。我们是家庭、学校、经验等的产物，由我们自己的倾向和性格所调节。我知道，我们认为自己知道愤怒是什么感觉，而且它似乎无法得到改变。但这种知识本身就是一个教育、贴标签和注意到与我们所接受的事物相一致的问题。威廉·雷迪将情感定义为“对与目标相关的思维材料的激活，在短时间内，这些思维材料超出注意力的转换能力”。[2]我们可能会在任何时刻将我们的特定愤怒视为与目标相关的对愤怒思维材料的激活，在愤怒的爆发点上，这种思维材料比我们想象的更大、更深、更复杂，我们自己内部也充满了努力争取承认的派系，了解并思考我们的多种愤怒是提高注意力的好方法。

于是就有了这本书。过去的愤怒今天仍然伴随着我们，不仅存在于现代心理学家实践的众多愤怒疗法中（我在前面的章节中讨论过其中一些疗法），而且存在于我们周围的许多情感共同体中，无论是在书本中，还是在我们的社区、互联网上的不和谐的声音或世界其他地方。书店书架上的所有心理自助书籍，所有在网上为我们提供建议的博客，这些内容都没有提出完全创新的想法，所有内容都依赖于过去的传统。我们对这些传统了解得越多——我们越了解它们的来源、它们的道德含义以及它们的局限性——我们就越能更好地把握自己的生活。我真的相信这种观点吗？了解塞涅卡、盖伦或詹姆斯·埃夫里尔真的对我有帮助吗？是的，确实如此。它帮助我不再因为打我的洋娃娃（以及其他许多类似的时刻）而感到羞耻，让我更愿意面对这样一个事实，即当我感到生气时，我并不总是正确的，而且能够以新的方式认识到在特定情况下我正在面对什么类型的愤怒，而不假设它与我在其他情况下的愤怒完全匹配。

同样地，我真的可以声称这种知识对政体有用吗？再说一次，如果麦迪逊关于派系之争的本质和危险的看法是正确的，那么越了解我们分裂的愤怒的构成，我们就越愿意进行协商并找到解决方案。在17世纪，哈利法克斯侯爵（乔治·萨维尔，卒于1695年）提出了“见风使舵者”的概念，即根据情况调整自己位置的人，就像船员调整船帆一样。他的意思是，见风使舵者要挑战绝对国家（在他那个时代很流行）的逻辑，让国家的船保持在正确的航线上，一方面不让步于专制主义，另一方面也不屈服于“人们激情和利益……的冲突和争论”。人只有变成妥协者才能成为见风使舵者，他们看到风向，并通过逆风和迎风航行来利用风向。是的，我们希望我们的目标能够实现，我们的愤怒可能是实现这一目标的便捷的工具。我们的目标是在这个世界上，为了在这个世界上航行，我们需要了解扰乱这个世界的底层问题。我与哈利法克斯争辩道，我们的“派系之争……支持和加强了宪法，而不是削弱或损害它；通过这样的实践，整个架构不会被撕裂或脱节，而会变得更好、更紧密”。[3]

一般来说，我们在自己所属的情感共同体中会感到舒适，但我们不需要被封闭在里面。事实上，被封闭在那个茧房里则意味着否认我们的现实及其个人和政治的潜力。让我们为这个更宏大的图景感到高兴（但不要过于愤怒）。

注 释

引 言

[1] Emily Katz Anhalt, *Enraged: Why Violent Times Need Ancient Greek Myths*(New Haven: Yale University Press, 2017) .

第一部分
（几乎）完全拒斥愤怒

第一章 佛 教

[1] "Akkosa Sutta: Insult," in *Samyutta Nikaya: The Grouped Discourses*, 7.2, ed. Access to Insight, at https://www.accesstoinsight.org/tipitaka/sn/index.html. Here and for all other references to the *Tipitaka: The Pali Canon*, see Access to Insight (BCBS Edition), 30 November 2013, at www.accesstoinsight.org/tipitaka. Most are trans. Thanissaro Bhikkhu.

[2] "Kakacupama Sutta: The Simile of the Saw," in *Majjhima Nikaya: The Middle-length Discourses*, 21, ed. Access to Insight, at https://www.accesstoinsight.org/tipitaka/mn/index.html.

[3] "Anapanasati Sutta: Mindfulness of Breathing," in *Majjhima Nikaya*, 118.

[4] "Pacittiya: Rules Entailing Confession," in *Bhikkhu Pātimokkha: The Bhikkhus Code of Discipline*, 8.75, ed. Access to Insight, at https://www.accesstoinsight.org/tipitaka/vin/sv/bhikkhu–pati.html#pc–part8.

[5] "Kodhavagga: Anger," 221, in *Dhammapada: The Path of Dhamma*, XVII, ed. Access to Insight, at https://www.accesstoinsight.org/tipitaka/kn/dhp/index.html.

[6] See "Yoga Sutta: Yokes," in *Anguttara Nikaya: The Further-factored Discourses*, 4.10, ed. Access to Insight at https://www.accesstoinsight.org/tipitaka/an/index.html.

[7] "Kakacupama Sutta," in *Majjhima Nikaya*, 21.

[8] *TheMahavamsa or the Great Chronicle of Ceylon*, trans. Wilhelm Geiger, quoted in Michael Jerryson, "Buddhist Traditions and Violence," in *The Oxford Handbook of Religion and Violence*, eds. Michael Jerryson, Mark Juergensmeyer and Margo Kitts (Oxford: Oxford University Press, 2013), Oxford Handbooks Online (www.oxfordhandbooks.com).

[9] "Murder with Skill in Means: The Story of the Ship sCaptain," trans. MarkTatz, in *The Skill in Means (Upayakausalya Sutra)* (New Delhi: Motilal Banarsidass, 1994), 73 – 4.

[10] Thich Nhat Hanh, *Anger: Wisdom for Cooling the Flames* (New York: Riverhead, 2001).

[11] C. Peter Bankart, "Treating Anger with Wisdom and Compassion: A Buddhist Approach," in *Anger-Related Disorders:A Practitioner s Guide to Comparative Treatments*, ed. Eva L. Feindler (New York: Springer, 2006), 231 – 55.

[12] Francis Wade, *Myanmar s Enemy Within: Buddhist Violence and the Making of a Muslim "Other"* (London: Zed Books, 2017), 269.

第二章
斯多葛主义

[1] Seneca, *Letters on Ethics to Lucilius* 12, trans. Margaret Graver and A.A. Long (Chicago: University of Chicago Press, 2015), 48.

[2] Seneca, *On Anger*, trans. Robert A. Kaster in *Anger, Mercy, Revenge*, trans. Robert A. Kaster and Martha C. Nussbaum (Chicago: University of Chicago Press, 2010), 3 – 129, at 14.

[3] 出处同上，第91页。

[4] "指挥中心" 这个词是Margaret R. Graver说的。他的著

作*Stoicism and Emotion* (Chicago: University of Chicago Press, 2007) 是关于这个主题最权威的指南。

[5] Seneca, *On Anger*, 20.

[6] 出处同上，第18页。

[7] 出处同上，第19页。

[8] 出处同上，第24页。

[9] 出处同上，第37页。

[10] 出处同上，第36页。

[11] Nancy L. Stein, Marc W. Hernandez and Tom Trabasso, "Advances in Modeling Emotion and Thought: The Importance of Developmental, Online, and Multilevel Analyses," in *Handbook of Emotions*, eds. Michael Lewis, Jeannette M. Haviland–Jones and Lisa Feldman Barrett, 3rd ed. (New York: Guilford Press, 2008), 578.

[12] Seneca, *On Anger*, 15.

[13] All quotations are from Seneca, *Medea*, ed. and trans. A.J. Boyle (Oxford: Oxford University Press, 2014), 5 – 79.

[14] William V. Harris, *Restraining Rage: The Ideology of Anger Control in Classical Antiquity* (Cambridge: Harvard University Press, 2001),chap. 9.

[15] M. Tullius Cicero, *Letters to his brother Quintus*, ed. and trans. Evelyn S. Shuckburgh, at https://bit.ly/2ZxzxxZ.

[16] Sallust, *The Catilinarian Conspiracy* 51, at https://bit.

ly/2IPsZoh, my translation.

[17] M. Tullius Cicero, *Against Catiline*, ed. and trans. C.D. Yonge, at https://bit.ly/2ZpT1V7.

[18] Cicero, *For Marcus Caelius* 21, ed. and trans. C.D. Yonge, at https://bit.ly/2Ztz5AF.

[19] Martin of Braga, *Anger*, in *Iberian Fathers, Volume 1: Writings of Martin of Braga, Paschasius of Dumium, Leander of Seville*, trans. Claude W. Barlow (Washington: The Catholic University of America Press, 1969).

[20] Gregory of Tours, *The History of the Franks*, trans. Lewis Thorpe (London: Penguin, 1974) offers a lively translation.

第三章 暴力与新斯多葛主义

[1] Justus Lipsius, *On Constancy:* De Constantia *translated by Sir John Stradling*, ed. John Sellars (Exeter, Devon: Bristol Phoenix Press, 2006), 37.

[2] Johann Weyer, *De ira morbo*, in *Ioannis Wieri Opera Omnia* (Amsterdam: Petrum vanden Berge, 1660), 770 - 875. See Karl A.E. Enenkel, "Neo–Stoicism as an Antidote to Public Violence before Lipsius s *De constantia:* Johann Weyer s (Wier s) Anger Therapy, *De ira morbo* (1577)," in *Discourses of Anger in the Early Modern Period*, eds. Karl A.E. Enenkeland Anita Traninger (Leiden: Brill, 2015), 49 - 96. All translations from *De ira morbo* are my own.

[3] Weyer, *De ira morbo*, 804.

[4] 出处同上，第807页。

[5] René Descartes, *The Passions of the Soul*, § 65, trans. Stephen H. Voss (Indianapolis: Hackett, 1989), 55.

[6] 出处同上，第28页，第34页。

[7] See Michael Krewet, "Descartes Notion of Anger: Aspects of a Possible History of its Premises," in *Discourses of Anger*, 143 – 71.

[8] Descartes, *Passions*, § 204, 129.

[9] 出处同上。

[10] Timothy J. Reiss, "Descartes, the Palatinate, and the Thirty Years War: Political Theory and Political Practice," *Yale French Studies* 80 (1991): 108 – 45, at 109.

[11] Susan C. Karant–Nunn, " Christians Mourning and Lament Should Not Be Like the Heathens : The Suppression of Religious Emotion in the Reformation," in *Confessionalization in Europe, 1555–1700: Essays in Honor and Memory of BodoNischan*, eds. John M. Headley, Hans J. Hillerbrand and Anthony J. Papalas (Aldershot: Routledge, 2004), 107 – 30, at 107, 111.

[12] The information about word frequency here is gleaned from the Ngram browser provided by Early English Books Online.

[13] John Warren, *Mans fury subservient to Gods glory: A Sermon preached to the* Parliament *at* Margarets Westminster *Febr. 20, 1656* (London: Nathanael Webb and William Grantham, 1657), 1, 7, 8, 16, spelling and punctuation updated, but italics in original.

[14] Helkiah Crooke, *Microcosmographia: A Description of the Body of Man* (Barbican: W. Jaggard, 1616), 272.

[15] *Jane Anger her Protection for Women. To defend them against*

the scandalous reportes of a late Surfeiting Lover (London: Thomas Orwin, 1589),A, B4, C.

[16] Gwynne Kennedy, *Just Anger: Representing Women s Anger in Early Modern England* (Carbondale: Southern Illinois University Press, 2000).

[17] Howard Kassinove and Raymond Chip Tafrate, *Anger Management: The Complete Treatment Guidebook for Practitioners* (Atascadero: Impact Publishers, 2002), 1 (italics in original).

[18] Raymond Chip Tafrate and Howard Kassinove, "Anger Management for Adults: A Menu– Driven Cognitive–Behavioral Approach to the Treatment of Anger Disorders," in *Anger- Related Disorders: A Practitioner s Guide to Comparative Treatments*, ed. Eva L. Feindler (New York: Springer, 2006), 115 - 37, at 118 - 19.

[19] 出处同上，第132页。

[20] Martha C. Nussbaum, *Anger and Forgiveness: Resentment, Generosity,Justice* (Oxford: Oxford University Press, 2016).

[21] 出处同上，第7页。

[22] 出处同上，第118页。

[23] Seneca, *On Anger*, 19.

[24] Nussbaum, *Anger and Forgiveness*, 124.

第四章
和平王国

[1] *Visio Baronti monachi Longoretensis*, trans. J.N. Hillgarth, in *Christianity and Paganism, 350–750* (Philadelphia: University of Pennsylvania Press, 1969), 195 - 204.

[2] Dante Alighieri, *The Divine Comedy: Paradiso*, canto XXVII, 1.52 – 55, 1: *Italian Text and Translation*, trans. Charles S. Singleton (Princeton: Princeton University Press, 1975), 305.

[3] Robert Knox Dentan, " Honey Out of the Lion : Peace Research Emerging from Mid–20th– Century Violence," in *Expanding American Anthropology, 1945–1980: A Generation Reflects*, eds. A.B. Kehoe and P.L. Doughty (Tuscaloosa: University of Alabama Press, 2012), 204 – 20, at 204; Idem, "Recent Studies on Violence: What s In and What s Out," *Reviews in Anthropology* 37 (2008): 41 – 67, at 46.

[4] Robert Knox Dentan, *The Semai: A Nonviolent People of Malaya* (New York: Holt, 1968), 55.

[5] Clayton A. Robarchek, "Frustration, Aggression, and the Nonviolent Semai," *American Ethnologist* 4/4 (1977): 762 – 79, at 776.

[6] Clayton A. Robarchek, "Conflict, Emotion, and Abreaction: Resolution of Conflict among the Semai Senoi," *Ethos* 7/2 (1979): 104 – 23, at 109 – 10.

[7] Clayton A. Robarchek and Robert Knox Dentan, "Blood Drunkenness and the Bloodthirsty Semai: Unmaking Another Anthropological Myth," *American Anthropologist*, new series 89/2 (1987): 356 – 65, at 361.

[8] Jean L. Briggs, *Never in Anger: Portrait of an Eskimo Family* (Cambridge: Harvard University Press, 1970).

[9] 出处同上，第47页。

[10] 出处同上，第42页。

[11] 出处同上，第181页，第335页。

[12] E. Richard Sorenson, "Cooperation and Freedom among the Fore of New Guinea," in *Learning Non-Aggression: The Experience of Non-Literate Societies*, ed. Ashley Montagu (Oxford: Oxford University Press, 1978), 12 - 30, at 15, 24; Idem, *The Edge of the Forest: Land, Childhood and Change in a New Guinea Protoagricultural Society* (Washington: Smithsonian Institution Press, 1976), 143.

[13] Carol Zisowitz Stearns and Peter N. Stearns, *Anger: The Struggle for Emotional Control in America s History* (Chicago: Uniyersity of Chicago Press, 1986), 211.

[14] Michael Potegal and Gerhard Stemmler, "Cross–Disciplinary Views of Anger: Consensus and Controversy," in *International Handbook of Anger: Constituent and Concomitant Biological, Psychological, and Social Processes*, eds. Michael Potegal, Gerhard Stemmler and Charles Donald Spielberger (New York: Springer, 2010), 3.

[15] Primo Levi, *If This Is a Man*, trans. Stuart Woolf, in *The Complete Works of Primo Levi*, ed. Ann Goldstein, 3 vols. (New York: Liveright, 2015), 1:129.

[16] 出处同上，第159页。

[17] 出处同上，第39页。

[18] 出处同上，第41页。

[19] 出处同上，第12页。

[20] 出处同上，第50页。

[21] 出处同上，第63页。

[22] 出处同上，第113页。

[23] 出处同上，第69页。

[24] 出处同上，第86页。

[25] 出处同上，第101页。

[26] 出处同上，第112页。

[27] Varlam Shalamov, *Kolyma Stories*, trans. Donald Rayfield (New York: New York Review of Books, 2018).

[28] 出处同上，第xv页，第204页。

[29] 出处同上，第206页，第xvi页，第170页，第174—175页。

[30] 出处同上，第6页，第13页，第15—16页，第12页，第22页。

[31] 出处同上，第20—21页，第25页。

[32] 出处同上，第19页，第20页。

[33] Jason Horowitz, "Italy s Populists Turn Up the Heat as Anti-Migrant Anger Boils," *The New York Times* (February 5, 2018), at https://nyti.ms/2nF8cbM.

第五章 愤怒的话语

[1] William M. Reddy, *The Navigation of Feeling: A Framework for the History of Emotions* (Cambridge: Cambridge University Press, 2001), 128.

[2] *The Instructions of Amenemope*, chaps. 3 and 9, in *Ancient Egyptian Literature: A Book of Readings*, ed. Miriam Lichtheim, vol. 2: *The New Kingdom* (Berkeley: University of California Press, 2006), 156, 158 - 9.

[3] Alex Ross, "True West: California Operas by John Adams and Annie Gosfield," *New Yorker* (December 11, 2017), 82.

[4] *The Digest of Justinian* 48.16.1 (5), ed. and trans. Alan Watson (Philadelphia: University of Pennsylvania Press, 1985).

[5] *The Theodosian Code and Novels and the Sirmondian Constitutions* 9.1.5, trans. Clyde Pharr with Theresa Sherrer Davidson and Mary Born Pharr (Princeton: Princeton University Press, 1952).

[6] *Digest of Justinian* 50.17.48.

[7] *Codex Justinianus* 4.20.14, trans. Fred H. Blume, at https://bit.ly/2XEBN4o.

[8] *Theodosian Code* 9.39.3.

[9] Robert Mannyng, *Robert of Brunne s Handlyng Synne*, lines 1252 - 84, ed. Frederick J. Furnivall (EETS, rpt. 2003), at https://bit.ly/2GH0pUu.

[10] William Peraldus, *Summade vitiisIX: De peccato linguae*, in William Peraldus, *Summa on the Vices: An Outline*, prepared by Richard G. Newhauser, Siegfried Wenzel, Bridget K. Balint and Edwin Craun at http://www.public.asu.edu/~rnewhaus/peraldus (all quotes are my translations from this source).

[11] Quoted in Sandy Bardsley, "Sin, Speech, and Scolding in Late Medieval England," in *Fama: The Politics of Talk and*

Reputation in Medieval Europe, eds. Thelma Fenster and Daniel Lord Smail (Ithaca: Cornell University Press, 2003), 153. I have modernized the Middle English.

[12] *Select Cases on Defamation to 1600*, ed. R.H. Helmholz (London: Selden Society, 1985), 1:4 - 5.

[13] 出处同上，第6—12页。

[14] Fay Bound [Alberti], " An Angry and Malicious Mind ? Narratives of Slander at the Church Courts of York,c.1660 - c.1760," *History Workshop Journal* 56 (2003): 59 - 77, at 69.

[15] Richard Allestree, *The Ladies Calling in Two Parts*, 4th printing (Oxford, 1676), 11 - 12, 48 - 9.

[16] R.H. Helmholz, "Canonical Defamation in Medieval England," *American Journal of Legal History* 15 (1971): 255 - 68, esp. 256.

[17] Cases in Bound [Alberti], " An Angry and Malicious Mind ?" 70 - 2.

[18] Henry Conset, *The Practice of the Spiritual or Ecclesiastical Courts*, 2nd ed. (London: W. Battersby, 1700), 335.

[19] J.H. Baker, *An Introduction to English Legal History*, 4th ed. (Oxford: Oxford University Press, 2007), 530.

[20] *Select Cases*, 1:22.

[21] Allyson F. Creasman, "Fighting Words: Anger, Insult, and Self–Help in Early Modern German Law,"*Journal of Social History* 51/2 (2017): 272 - 92, at 277.

[22] Allyson F. Creasman, *Censorship and Civic Order in Reformation Germany, 1517–1648: "Printed Poison & Evil Talk"* (Farnham: Ashgate, 2012), 28.

[23] Katie Rogers and Maggie Haberman, "Trump s Evolution From Relief to Fury Over the Russia Indictment," *The New York Times* (February 18, 2018), at https://nyti.ms/2C7hgPg.

[24] Vanessa E. Jones, "The Angry Black Woman: Tart–Tongued or Driven and No–Nonsense, She Is a Stereotype That Amuses Some and Offends Others," *Boston Globe* (April 20, 2004), at https://bit.ly/2GBAfBp.

[25] Wendy Ashley, "The Angry Black Woman: The Impact of Pejorative Stereotypes on Psychotherapy with Black Women," *Social Work in Public Health* 29 (2014): 27 – 34, at 28.

[26] Trina Jones and Kimberly Jade Norwood, "Aggressive Encounters and White Fragility: Deconstructing the Trope of the Angry Black Woman," *Iowa Law Review* 102 (2017): 2017 – 69, at 2037, 2044, 2056 – 8.

[27] Gregory S. Parks and Matthew W. Hughey, *12 Angry Men: True Stories of Being a BlackMan in America Today* (New York: New Press, 2010).

[28] Adia Harvey Wingfield, "The Modern Mammy and the Angry BlackMan: African American Professionals Experience with Gendered Racism in the Workplace," *Gender and Class* 14 (2007): 196 – 212, at 204.

[29] Arlie Hochschild, *The Managed Heart: Commercialization of Human Feeling* (Berkeley: University of California Press, 1983).

[30] Benjamin Chew, *Journal of a Journey to Easton*, quoted in

Nicole Eustace, *Passion Is the Gale: Emotion, Power, and the Coming of the American Revolution* (Williamsburg: University of North Carolina Press, 2008), 151.

第二部分
愤怒是恶行，但（有时）也是美德

第六章
亚里士多德及其后继者

[1] Aristotle, *Nicomachean Ethics* 2.6.20, in Aristotle, *Complete Works*, ed. Jonathan Barnes (Oxford: Oxford University Press, 2014). All references to Aristotle s works are from this edition.

[2] Aristotle, *Rhetoric* 2.2.14.1370b1.

[3] Aristotle, *Nicomachean Ethics* 4.5.1125b1 – 1126a1.

[4] Aristotle, *Rhetoric* 1.1.15 – 25.1354a1.

[5] 出处同上。

[6] Aristotle, *On the Soul* 1,10,403b1.

[7] Aristotle, *Problems* 2,26,869a1; ibid. 27,3,30.

[8] For this and further examples, see Barbara H. Rosenwein, *Generations of Feelings: A History of Emotions, 600–1700* (Cambridge: Cambridge University Press, 2016),chap. 4, here 136.

[9] Aelred of Rievaulx, "A Rule of Life for a Recluse," trans. Mary Paul Macpherson, in *The Works of Aelred of Rievaulx*, I: *Treatises; The Pastoral Prayer* (Spencer: Cistercian Publications, 1971), 81, 88.

[10] Thomas Aquinas, *Summa Theologica*, Ia–IIae, question 46, article 5, at http:// www.newadvent.org/summa/2046.htm#article5.

[11] Magda B. Arnold, *Emotion and Personality*, vol. 1: *Psychological Aspects* (New York: Columbia University Press, 1960), 171 – 2.

[12] 出处同上，第257页。

[13] Lisa Feldman Barrett, Christine D. Wilson–Mendenhall and Lawrence W. Barsalou, "The Conceptual Act Theory: A Roadmap," in *The Psychological Construction of Emotion*, eds. Lisa Feldman Barrett and James A. Russell (New York: Guilford Press, 2015), 86.

[14] Aristotle, *Rhetoric* 1.1.15.1354a1.

[15] Lisa Feldman Barrett, *How Emotions Are Made: The Secret Life of the Brain* (Boston: Houghton Mifflin, 2017),chap. 11.

第七章
从地狱到天堂

[1] 我在这里使用了Schocken版本的圣经，vol. 1: *The Five Books of Moses*, trans. Everett Fox (New York: Schocken, 1995)。

[2] Michael C. McCarthy, "Divine Wrath and Human: Embarrassment Ancient and New," *Theological Studies* 70 (2009), 845 – 74, at 847.

[3] Aristides, *Apology on Behalf of Christians* 1, 7, trans. D. M. Kay, at http:// www.earlychristianwritings.com/text/aristides–kay.html.

[4] Tertullian, *Against Marcion* 1:27, trans. Peter Holmes, rev. and ed. Kevin Knight, at http:// www.newadvent.org/fathers/03122.htm.

[5] Robert E. Sinkewicz,*Evagrius of Pontus: The Greek Ascetic Corpus* (Oxford: Oxford University Press, 2006), 98.

[6] Prudentius, *Psychomachia* ll. 155 – 59, ed. Jeffrey Henderson, in *Prudentius*, vol. 1, Loeb Classical Library (Cambridge: Harvard University Press, 1949), 290.

[7] John Cassian, *The Conferences of John Cassian*, I, conference 5,chap. 2, 135, trans. Christian Classics Ethereal Library, at http://www.agape–biblia.org/orthodoxy/conferences.pdf.

[8] Gregory the Great, *Moralia in Job* 31.45.88 – 89 (*Corpus Christianorum Series Latina* 143B), 1610.

[9] 出处同上。

[10] Tertullian, *Against Marcion* 1:25, trans. Peter Holmes, at http://www.newadvent. org/fathers/03122.htm.

[11] 出处同上，2:16。

[12] Lactantius, *On the Anger of God* 17.20, in Lactance, *La colère de Dieu*, ed. and trans. Christiane Ingremeau (Paris: Cerf, 1982), 180.

[13] 出处同上。

[14] Augustine, *The City of God against the Pagans* 15.25, trans. Henry Bettenson (Harmondsworth: Penguin, 1972), 643.

[15] McCarthy, "Divine Wrath," 867.

[16] Augustine,*Enarrationes in Psalmos, Psalmus* 2, 38.4, line 10, eds. E. Dekkers and J. Fraipont (1956), online at *Library of Latin Texts - Series A* (Turnhout: Brepols, 2017) http:// www. brepolis.net.

[17] Gregory, *Moralia* 5.45.82, 279.

[18] 出处同上。

[19] Alcuin, *De virtutibus et vitiis* 24, in *Patrologia Latina*, ed. J.-P. Migne (1863), 101:631.

[20] Lester K. Little, "Pride Goes before Avarice: Social Change and the Vices in Latin Christendom," *American Historical Review* 76 (1971): 16 - 49, at 16.

[21] Gregory, *Moralia* 4.30.57, 201.

[22] Lester K. Little, *Benedictine Maledictions: Liturgical Cursing in Romanesque France* (Ithaca: Cornell University Press, 1993), 22 - 3.

[23] *Raoul de Cambrai*, ed. and trans. Sarah Kay (Oxford: Clarendon Press, 1992).

[24] Paul Freedman, "Peasant Anger in the Late Middle Ages," in *Anger s Past: The Social Uses of an Emotion in the Middle Ages*, ed. Barbara H. Rosenwein (Ithaca: Cornell University Press, 1998), 171 - 88, at 171.

[25] *Chronique du religieux de Saint-Denys, contenant le règne de Charles VI, de 1380 à 1422*, ed. M.L. Bellaguet (Paris: Crapelet, 1839), 1:20.

[26] Urban II s speech at Clermont (1095), as reported by Robert the Monk, *Historia Hierosolymitana*, in *The First Crusade: The Chronicle of Fulcher of Chartres and Other Source Materials*, ed. Edward Peters (Philadelphia: University of Pennsylvania Press, 1971), 2 - 5.

第八章
道德情感

[1] Peter Sloterdijk, *Rage and Time: A Psychopolitical Investigation*, trans. Mario Wenning (New York: Columbia University Press,

2010), 81.

[2] J.B. Schneewind, "Seventeenth– and Eighteenth–Century Ethics," in *A History of Western Ethics*, eds. Lawrence C. Becker and Charlotte B. Becker, 2nded. (London: Routledge, 2003), 78.

[3] Hugo Grotius, *The Rights of War and Peace*, Book 1, eds. Jean Barbeyrac and Richard Tuck (Indianapolis: Liberty Fund, 2005), 1:79, at https://bit.ly/2UXbJod.

[4] 出处同上，第85—87页。

[5] 出处同上，第83—84页。

[6] Thomas Hobbes, *The Elements of Law Natural and Politic*, part 1: *Human Nature*, ed. J.C.A. Gaskin (Oxford: Oxford University Press, 1994), 52.

[7] Thomas Hobbes, *Leviathan*, ed. J.C.A. Gaskin (Oxford: Oxford University Press, 1996), 197.

[8] David Hume, *A Treatise of Human Nature* 2.1.1.1, eds. David Fate Norton and Mary J. Norton (Oxford: Oxford University Press, 2000).

[9] 出处同上。

[10] 出处同上。

[11] 出处同上。

[12] 出处同上。

[13] 出处同上。

[14] 出处同上。

[15] 出处同上。

[16] 出处同上。

[17] Adam Smith, *The Theory of Moral Sentiments*, eds. D.D. Raphael and A.L. Mafie (Oxford: Clarendon Press, 1976), 10, 22.

[18] 出处同上，第21页。

[19] Lab studies: see Elaine Hatfield, John T. Cacioppo and Richard L. Rapson, *Emotional Contagion* (Cambridge: Cambridge University Press, 1994), 79 - 127; Facebook: Adam D.I. Kramer, Jamie E. Guillory and Jeffrey T. Hancock, "Experimental Evidence of Massive–Scale Emotional Contagion through Social Networks," *Proceedings of the National Academy of Sciences of the United States* 111/24 (2014): 8788 - 90.

[20] Smith, *Moral Sentiments*, 24.

[21] James Russell, "Mixed Emotions Viewed from the Psychological Constructionist Perspective," *Emotion Review* 9/2 (2017): 111 - 17.

[22] Jean–Jacques Rousseau, *Émile ou de l Éducation. Livres I, II et III* (1762), 34,digitized Jean– Marie Tremblay, at https://bit.ly/1PiOj3T.

[23] Rousseau, *Émile ou de l Éducation. (livres 3 à 5)*, 307, at https://bit.ly/2XKO7QN.

[24] Patrick Coleman, *Anger, Gratitude, and the Enlightenment*

Writer (Oxford: Oxford University Press, 2011), 7.

[25] Source: French Revolution Digital Archive, at https://frda.stanford.edu.

[26] *Archives parlementaires de 1789 à 1860: recueil complet des débats législatifs & politiques des chambres françaises*, eds. J. Madival, E. Laurent et. al. (Paris: Librairie administrative de P. Dupont, 1862), 8:275, at https://bit.ly/34GkiEB.

[27] 出处同上，73:410。

[28] 出处同上，75:281。

[29] 出处同上，72:490。

[30] 出处同上，72:88。

[31] "La grande colère du Père Duchesne," No. 266 (1793), at https://bit.ly/2voivEu.

[32] William Wordsworth, *The Prelude 1805* 10:312 – 24, in *The Prelude 1799, 1805, 1850*, eds. Jonathan Wordsworth, M.H. Abrams and Stephen Gill (New York: Norton, 1979), 374 – 6.

[33] Edmund Burke, *Reflections on the French Revolution*, at https://bit.ly/2GGn6Iu, 244.

[34] 出处同上，第36页。

[35] 出处同上，第138页。

[36] Andrew M. Stauffer, *Anger, Revolution, and Romanticism* (Cambridge: Cambridge University Press, 2005).

[37] Burke, *Reflections*, 29.

[38] 出处同上，第111页。

[39] Thomas Paine, *The Rights of Man; Being An Answer to Mr. Burke s Attack on the French Revolution* (London: W.T. Sherwin, 1817), 1, at https://bit.ly/2vlShlZ.

[40] Thomas Paine, *Common Sense*, at https://bit.ly/2L5LSGj.

[41] Eustace, *Passion Is the Gale*, 152 and see esp. chap. 4, "Resolute Resentment versus Indiscrete Heat: Anger, Honor, and Social Status."

[42] 出处同上，第167页。

[43] 出处同上，第183页。

[44] Zac Cogley, "A Study of Virtuous and Vicious Anger," in *Virtues and Their Vices*, eds. Kevin Timpe and Craig A. Boyd (Oxford: Oxford University Press, 2014), 199 - 224.

[45] 出处同上，第210—211页。

[46] Alasdair MacIntyre, *After Virtue: A Study in Moral Theory*, 3rd ed. (Notre Dame: University of Notre Dame Press, 2007),x.

第三部分 自然的愤怒

第九章 早期医学传统

[1] Galen, *The Art of Medicine*, ed. and trans. Ian Johnston (Cambridge: Harvard University Press, 2016), 249.

[2] Quoted in P.N. Singer, "The Essence of Rage: Galen on Emotional Disturbances and their Physical Correlates," in *Selfhood and the Soul: Essays on Ancient Thought and Literature*

in Honour of Christopher Gill, eds. Richard Seaford, John Wilkins and Matthew Wright (Oxford: Oxford University Press, 2017), 161 – 96, at 162, 191 – 92.

[3] See Heinrich von Staden, "The Physiology and Therapy of Anger: Galen on Medicine, the Soul, and Nature," in *Islamic Philosophy, Science, Culture and Religion: Studies in Honor of Dimitri Gutas*, eds. Felicitas Meta Maria Opwis and David Reisman (Leiden: Brill, 2011), 63 – 87, at 75 – 6.

[4] Quoted in Singer, "Essence of Rage," 177 – 8.

[5] William James, "What is an Emotion?" *Mind* 9 (1884): 188 – 205, at 193, online at https:// psychclassics.yorku.ca/James/emotion.htm.

[6] See the long list of these and similar phrases in George Lakoff, *Women, Fire, and Dangerous Things: What Categories Reveal about the Mind* (Chicago: University of Chicago Press, 1987), 380, 382.

[7] "The Wisdom of the Art of Medicine," trans. Faith Wallis, in *Medieval Medicine: A Reader*, ed. Faith Wallis (Toronto: University of Toronto Press, 2010), 18, 22.

[8] Ariel Bar–Sela, HebbelE. Hoff, Elias Faris, ed. and trans., "Moses Maimonides" Two Treatises on the Regimen of Health, *Transactions of the American Philosophical Society* 54/4 (1964): 3 – 50, at 36.

[9] 出处同上。

[10] 出处同上，第25页。

[11] 以下观察和翻译归功于Faith Wallis的友好同意，她允

许我看她为Edizione Nazionale La Scuola Medica Salernitana而准备的那版巴托洛梅乌斯评注（Florence: SISMEL）。

[12] Thomas Willis, *The Anatomy of the Brain*, in Thomas Willis, *Five Treatises*, trans. Samuel Pordage (London, 1681 [orig. pub. 1664 in Latin]).

[13] Susan James, *Passions and Action: The Emotions in Seventeenth-Century Philosophy* (Oxford: Clarendon Press, 1997), 89.

[14] Descartes, *Passions*, § 200, 126.

[15] William Clark,*A Medical Dissertation Concerning the Effects of the Passions on Human Bodies* (London, 1752), 37.

[16] 出处同上，第38页。

[17] 出处同上，第40页。

[18] 出处同上，第40—41页。

[19] Lakoff, *Women, Fire, and Dangerous Things*, 383 - 5.

[20] Luca Passamonti et al., "Effects of Acute Tryptophan Depletion on Prefrontal Amygdala Connectivity While Viewing Facial Signals of Aggression,"*Journal of Biological Psychiatry* 71(2012): 36 - 43.

[21] 出处同上，第40页。

第十章
进入实验室

[1] Edward Hitchcock and Valerie Cairns, "Amygdalotomy," *Postgraduate Medical Journal* 49 (1973): 894 - 904.

[2] Alan J. Fridlund, *Human Facial Expression: An Evolutionary*

View (San Diego: Academic Press, 1994), 129.

[3] Charles Darwin, *The Expression of Emotions in Man and Animals* (1872), in *From So Simple a Beginning: The Four Great Books of Charles Darwin*, ed. Edward O. Wilson (New York, 2006), 1255 - 477.

[4] Charles Bell, *The Anatomy and Philosophy of Expression as Connected with the Fine Arts*, 3rd ed. (London, 1844), 121.

[5] Charles Darwin, "M Notebook," line ref. 122 - 3, at *Darwin Online*, https:// bit.ly/2UDNAyi.

[6] Darwin, *Expression of Emotions*, 1267.

[7] 根据他所使用的资料，出处同上，第1267—1270页。

[8] Barrett, *How Emotions Are Made*, 157.

[9] Darwin, *Expression of Emotions*, 1474.

[10] Paul E. Griffiths, *What Emotions Really Are: The Problem of Psychological Categories* (Chicago: University of Chicago Press, 1997), 65.

[11] Darwin, *Expression of Emotions*, 1301 - 2, 1338.

[12] Fernand Papillon, "Physiology of the Passions," trans. J. Fitzgerald, *The Popular Science Monthly* 4 (1974): 552 - 64, at 559 - 60.

[13] Geoffrey C. Bunn, *The Truth Machine: A Social History of the Lie Detector* (Baltimore: Johns Hopkins, 2012), 118.

[14] Antoinette M. Feleky, "The Expression of the Emotions,"

Psychological Review 21/1 (1914): 33 – 41, at 36.

[15] Silvan S. Tomkins, *Affect, Imagery, Consciousness*, ed. Bertram P. Karon, vol. 1: *The Positive Affects* (New York: Springer, 1962), 111 – 12, 204 – 5, 244, 337. In vol. 3: *The Negative Affects: Anger and Fear* (1991), xviii。他把轻视和厌恶分开，所以提出了9个。

[16] Silvan S. Tomkins and Robert McCarter, "What and Where are the Primary Affects? Some Evidence for a Theory," *Perceptual and Motor Skills* 18/1 (1964): 119 – 58.

[17] Giovanna Colombetti, *The Feeling Body: Affective Science Meets the Enactive Mind* (Cambridge: MIT Press, 2014), 39.

[18] Paul Ekman and Wallace V. Friesen, "Constants across Cultures in the Face and Emotion," *Journal of Personality and Social Psychology* 17/2 (1971): 124 – 9.

[19] Sorenson, *The Edge of the Forest*, 140 – 2.

[20] The fullest critique is Ruth Leys, *The Ascent of Affect: Genealogy and Critique* (Chicago: University of Chicago Press, 2017). See also Jan Plamper, *The History of Emotions: An Introduction*, trans. K. Tribe (Oxford: Oxford University Press, 2012), 147 – 63.

[21] Ian S. Penton–Voak, Jamie Thomas, Suzanne H. Gage, Mary McMurran, Sarah McDonald and Marcus R. Munafò, "Increasing Recognition of Happiness in Ambiguous Facial Expressions Reduces Anger and Aggressive Behavior," *Psychological Science* 24/5 (2013): 688 – 97.

[22] Kathleen R. Bogart, Linda Tickle–Degnen and Nalini Ambady, "Communicating without the Face: Holistic

Perception of Emotions of People with Facial Paralysis," *Basic and Applied Social Psychology* 36/4 (2014): 309 – 20.

[23] Lisa Appignanesi, "Dr. Death," *New York Review of Books* 65/12 (2018): 32 – 4.

[24] Today autism is called "Autism Spectrum Disorder" and is classed among Neurodevelopmental Disorders in *Diagnostic and Statistical Manual of Mental Disorders*, 5th ed. (=DSM–5) (Arlington: American Psychiatric Association, 2013), 50 – 9.

[25] D. Vaughn Becker, "Facial Gender Interferes with Decisions about Facial Expressions of Anger and Happiness,"*Journal of Experimental Psychology: General* 146/4 (2017): 457 – 63. 26.

[26] Thomas F. Denson, William C. Pedersen, Jaclyn Ronquillo and Anirvan S. Nandy, "The Angry Brain: Neural Correlates of Anger, Angry Rumination, and Aggressive Personality," *Journal of Cognitive Neuroscience* 21/4 (2008): 734 – 44.

[27] James, "What is an Emotion?" 190.

[28] Wilhelm Wundt, *Outlines of Psychology*, trans. Charles Hubbard Judd, 3rd rev. Engl. ed. from 7th rev. German ed. (Leipzig: Wilhelm Engelmann, 1907), 191, 205 (emphasis in the original).

[29] Lisa Feldman Barrett and Eliza Bliss–Moreau, "Affect as a Psychological Primitive," *Advances in Experimental Social Psychology* 41 (2009): 167 – 208, at 172.

[30] Barrett, *How Emotions Are Made*, 59.

[31] Barrett, Wilson–Mendenhall, Barsalou, "The Conceptual Act Theory," 86 – 7.

[32] Yinan Wang, Feng Kong, Xiangzhen Kong, Yuanfang Zhao, Danhua Lin and Jia Liu, "Unsatisfi ed Relatedness, Not Competence or Autonomy, Increases Trait Anger through the Right Amygdala," *Cognitive, Affective, and Behavioral Neuroscience* 17 (2017): 932 - 8。参考一些更早期的工作。虽然在处理"性格愤怒"——早期思想家称之为"易怒人格"，但作者们是在寻找短暂愤怒的位置，而不是人格特征。

[33] Barrett, Wilson-Mendenhall, Barsalou, "The Conceptual Act Theory," 89.

[34] Colombetti, *The Feeling Body*, 30.

[35] Jaak Panksepp, "Neurologizing the Psychology of Affects: How Appraisal-Based Constructivism and Basic Emotion Theory Can Coexist," *Perspectives on Psychological Science* 2/3 (2007): 281 - 96, at 286.

[36] Fausto Caruana and Marco Viola, *Come funzionanole emozioni. Da Darwin alleneuroscienze* (Bologna: Il Mulino, 2018), 85.

[37] Suresh Bhatt, Thomas R. Gregg and Allan Siegel, "NK1 Receptors in the Medial Hypothalamus Potentiate Defensive Rage Behavior Elicited from the Midbrain Periaqueductal Gray of the Cat," *Brain Research* 966/1 (2003): 54 - 64, at 56.

[38] Jaak Panksepp and Margaret R. Zellner, "Towards a Neurobiologically Based Unified Theory of Aggression," *International Review of Social Psychology/Revue internationale de psychologie sociale* 17/2 (2004): 37 - 61, at 42 - 4.

第十一章
社会的产物

[1] For its deeper roots, see Plamper, *History of Emotions*, 80 - 98.

[2] James R. Averill, "What Should Theories of Emotion Be About," in *Categorical versus Dimensional Models of Affect:*

A Seminar on the Theories of Panksepp and Russell, eds. Peter Zachar and Ralph D. Ellis (Amsterdam: John Benjamins, 2012), 203 - 24, at 208.

[3] James R. Averill, *Anger and Aggression: An Essay on Emotion* (New York: Springer, 1982).

[4] C. Terry Warner, "Anger and Similar Delusions," in *The Social Construction of Emotions*, ed. Rom Harré (Oxford: Basil Blackwell, 1986), 148, 163.

[5] Michael Boiger and Batja Mesquita, "The Construction of Emotion in Interactions, Relationships, and Cultures," *Emotion Review* 4/3 (2012): 221 - 9, at 221. (Italics in original.)

[6] The incident and its documents are discussed in Richard E. Barton, " Zealous Anger and the Renegotiation of Aristocratic Relationships in Eleventh– and Twelfth–Century France," in *Anger s Past*, 153 - 70.

[7] Stearns and Stearns, *Anger*, 36.

[8] 出处同上，第39页。

[9] Bankart, "Treating Anger," 244.

[10] Lundy Bancroft, *Why Does He Do That? Inside the Minds of Angry and Controlling Men* (New York: Berkley Books, 2002), 319.

[11] 出处同上，第321—322页。

[12] Hannelore Weber, "Explorations in the Social Construction of Anger," *Motivation and Emotion* 28/2 (2004): 197 - 219.

[13] Stephen D. White, "The Politics of Anger," in *Anger s Past*,

127 - 52, at 144.

[14] Rosenwein, *Generations of Feelings*, 134.

[15] Kathleen M. Higgins, "Biology and Culture in Musical Emotions," *Emotion Review* 4/3 (2012): 273 - 82, at 281.

[16] Catherine A. Lutz, *Unnatural Emotions: Everyday Sentiments on a Micronesian Atoll and Their Challenge to Western Theory* (Chicago: University of Chicago Press, 1988), 3 - 4.

[17] Anna Wierzbicka, "Emotion and Culture: Arguing with Martha Nussbaum," *Ethos* 31/4 (2004): 577 - 600, at 580.

[18] Zoltán Kövecses, "Cross–Cultural Experience of Anger: A Psycholinguistic Analysis," in *International Handbook of Anger: Constituent and Concomitant Biological, Psychological, and Social Processes*, eds. Michael Potegal, Gerhard Stemmler and Charles Spielberger (New York: Springer, 2010), 157 - 74, at 161.

[19] Summarized in HeliTissari, "Current Emotion Research in English Linguistics: Words for Emotions in the History of English," *Emotion Review* 9/1 (2017): 86 - 94, at 89.

[20] Kövecses, "Cross–Cultural Experience of Anger," 161.

[21] Gerhard Stemmler, "Somatovisceral Activation during Anger," in *International Handbook of Anger*, 103 - 21.

[22] Greg Downey, "Being Human in Cities: Phenotypic Bias from Urban Niche Construction," *Current Anthropology* 57, suppl. 13 (2016): S52 - S64, at S53 - 54.

[23] Boiger and Mesquita, "The Construction of Emotion," 226, quoting an unpublished study made in 2010.

[24] Andrew Beatty, "Current Emotion Research in Anthropology: Reporting the Field," *Emotion Review* 5/4 (2013): 414 – 22.

[25] Andrew Beatty, "The Headman s Defeat," unpublished MS kindly provided by the author.

[26] Renato Rosaldo, *Culture and Truth: The Remaking of Social Analysis* (Boston: Beacon Press, 1989), 3 – 4, 9.

[27] Reddy, *The Navigation of Feeling*, 129.

[28] Amanda Taut and Max Fisher, "Facebook Fueled Anti-Refugee Attacks in Germany, New Research Suggests," *The New York Times* (August 21, 2018), at https://nyti.ms/2JfNsD4.

第十二章 赞美愤怒

[1] Pankaj Mishra, *Age of Anger: A History of the Present* (New York: Picador, 2017).

[2] Stearns and Stearns, *Anger*, 211.

[3] Mishra, *Age of Anger*, 2.

[4] Uffa Jensen, *Zornpolitik* (Berlin: Suhrkamp, 2017).

[5] The lyrics of "Rise" are at Public Image Ltd, https://genius.com/Public-image-ltd-rise-lyrics.

[6] John Lydon, with Andrew Perry, *Anger is an Energy: My Life Uncensored* (New York: HarperCollins, 2014), 3 for "shitstem."

[7] 出处同上，第1页。

[8] 这个短语的起源和历史参见https://bit.ly/2DB8BUm。

[9] Kavanaugh hearing: Transcript (September 27, 2018) at

https://wapo.st/2PwCnyl.

[10] Ben Riley-Smith, Gareth Davies and Nick Allen, "Brett Kavanaugh, Supreme Court Nominee, Gives Evidence—Latest Updates," *The Telegraph* (September 27, 2018), https:// bit.ly/2voMaxc. For Trump on weakness, see Bob Woodward, *Fear: Trump in the White House* (New York: Simon & Schuster, 2018), 175.

[11] Jennifer Weiner, "The Patriarchy Will Always Have Its Revenge," *New York Times. Sunday Review* (September 23, 2018), https://nyti.ms/2N0V6iY.

[12] Arthur de Gobineau, *The Inequality of Human Races*, trans. Adrian Collins (New York: Howard Fertig, 1967), 150.

[13] U.S. Census Bureau, "Race," https://bit.ly/1sjmNd1.

[14] See http://bit.ly/2IOG9Te.

[15] Renaud Camus, *Le Grand Remplacement (Introduction au remplacisme global)* (Plieux: Renaud Camus, 2017), 22.

[16] Jensen, *Zornpolitik*, 115 - 17.

[17] Jared Taylor, "NYT: The Religion of Whiteness is a Threat to World Peace," *American Renaissance* (August 31, 2018), https://bit.ly/2vpiEaw.

[18] Arlie Russell Hochschild, *Strangers in their Own Land: Anger and Mourning on the American Right* (New York: The New Press, 2016).

[19] Wade, *Myanmar s Enemy Within*, 1.

[20] 出处同上，第5—6页。

[21] 出处同上，第12页。

[22] Mishra, *Age of Anger*, 12.

[23] "The First Convention Ever Called to Discuss the Civil and Political Rights of Women," Seneca Falls, July 19, 20, 1848, at Library of Congress website, http://www.loc.gov/ resource/ rbnawsa.n7548.

[24] AlannaVagianos, "The Me Too Campaign Was Created by a Black Woman 10 Years Ago," *Huffpost* (10/17/2017), https:// bit.ly/2gO4j0F.

[25] "Votes for Women Broadside," January 28, 1911, at Library of Congress website, http:// www.loc.gov/item/ rbcmiller002522.

[26] Kavanaugh hearing: Transcript, https://wapo.st/2PwCnyl.

[27] Rebecca Traister, "Fury Is a Political Weapon. And Women Need to Wield It," *New York Times. Sunday Review* (September 30, 2018), https://nyti.ms/2IrmuWF.

[28] For Graham s outburst, see https://cnn.it/2XDfiNk.

[29] Christina Prignano, "A Northeastern graduate confronted Jeff Flake in an Elevator," *The Boston Globe* (September 28, 2018) https://bit.ly/2GGCUv0.

[30] Sandra Hochman, *Year of the Woman: A Fantasy* (1973), at https://www.youtube.com/ watch?v=yYKi5pk4eyk&t=1s (no permanent url).

[31] Audre Lorde, "The Uses of Anger: Women Responding to Racism," 1981, at BlackPast, http://bit.ly/2J7qKwA.

[32] Rebecca Traister, *Good and Mad: The Revolutionary Power of Women s Anger* (New York: Simon & Schuster, 2018),xxviii.

[33] 出处同上，第xxx页。

[34] See https://nyp.st/2E3xWcy.

[35] Giulia Sissa, *Jealousy: A Forbidden Passion* (Cambridge: Polity Press, 2017), 37.

[36] Quoted in Aleena Gardezi, "America Ferrera at Women s March: We Are All under Attack," *Diverge* (January 23, 2017), https://bit.ly/2ZC19BN.

[37] Jenna Wortham, "Black Tweets Matter: How the Tumultuous, Hilarious, Wide–Ranging Chat Party on Twitter Changed the Face of Activism in America," *Smithsonian Magazine* (September 2016), http://bit.ly/2ZN11je.

[38] At https://blacklivesmatter.com/about/what–we–believe.

[39] Jelani Cobb, "The Matter of Black Lives: A New Kind of Movement Found its Moment. What Will Its Future Be?" *The New Yorker* (March 13, 2016), https://bit.ly/2k6Am0a.

[40] Joel Anderson, "Ferguson s Angry Young Men," *BuzzFeed. News* (August 22, 2014), http:// bit.ly/2PGZrdL.

[41] Johnetta Elzie, "Ferguson Forward," *Ebony* (2014), https:// bit.ly/2Vsx5JI.

[42] Keeanga–Yamahtta Taylor, *From #Blacklivesmatter to Black Liberation* (Chicago: Haymarket Books, 2016), 189.

[43] At https://blacklivesmatter.com/about/what–we–believe.

[44] Rebecca Traister and Alicia Garza: Good and MadWomen, video at http://bit.ly/2PO2fpT.

[45] Traister, *Good and Mad*, 209.

[46] Laura Kipnis, "Women are Furious. Now What?" *The Atlantic* (November 2018), https:// bit.ly/2voMufo.

[47] Soraya Chemaly, *Rage Becomes Her: The Power of Women sAnger* (New York: Atria, 2018).

[48] Rebecca Traister and Alicia Garza: Good and MadWomen, video at http://bit.ly/2PO2fpT.

[49] J. Giles Milhaven, *Good Anger* (Kansas City: Sheed & Ward, 1989), 62 - 64.

[50] Quoted in Aleena Gardezi, "America Ferrera at Women s March," https://bit.ly/2ZC19BN.

[51] Aristotle, *Rhetoric* 1.9.15.1370b1.

[52] Traister, *Good and Mad*, xxiii.

结 语
我的愤怒，
我们的愤怒

[1] *The Federalist Papers: No. 10*, at https://bit.ly/1L3guuV.

[2] Reddy, *The Navigation of Feeling*, 128.

[3] George Savile, Marquess of Halifax, *The Character of a Trimmer*, in *The Complete Works*, ed. Walter Raleigh (Oxford: Clarendon Press, 1912), 63.

参考文献

Alberti, F. B., 2003, "'An Angry and Malicious Mind'? Narratives of Slander at the Church Courts of York,c.1660–c.1760," *History Workshop Journal*, 56: 59–77.

Anderson,J., 2014, "Ferguson's Angry Young Men," *BuzzFeed.News*. https://bit.ly/2PGZrdL. Anhalt, E. K., 2017, *Enraged: Why Violent Times Need Ancient Greek Myths*, New Haven: Yale University Press.

Appignanesi, L., 2018, "Dr. Death," *New York Review of Books*, 65/12: 32–4.

Arnold, M. B., 1960, *Emotion and Personality*, vol. 1: *Psychological Aspects*, New York: Columbia University Press.

Ashley, W., 2014, "The Angry Black Woman: The Impact of Pejorative Stereotypes on Psychotherapy with Black Women," *Social Work in Public Health*, 29: 27–34.

Averill,J. R., 1982, *Anger and Aggression: An Essay on Emotion*, New York: Springer.

Averill,J. R., 2012, "The Future of Social Constructionism: Introduction to a Special Section of *Emotion Review*," *Emotion Review*, 4/3: 215–20.

Averill,J. R., 2012, "What Should Theories of Emotion Be About," in P. Zachar and R. D. Ellis (eds.), *Categorical versus Dimensional Models of Affect: A Seminar on the Theories of Panksepp and Russell*, Amsterdam: John

Benjamins, 203–24.

Baker, J. H., 2007; *An Introduction to English Legal History*, 4thed., Oxford: Oxford University Press.

Bancroft, L., 2002, *Why Does He Do That? Inside the Minds of Angry and Controlling Men*, New York: Berkley Books.

Bankart, C. P., 2006, "Treating Anger with Wisdom and Compassion: A Buddhist Approach," in E. L. Feindler (ed.), *Anger-Related Disorders*, 231–55.

Banks, A. J., 2014, *Anger and Racial Politics: The Emotional Foundation of Racial Attitudes in America*, Cambridge: Cambridge University Press.

Bardsley, S., 2003, "Sin, Speech, and Scolding in Late Medieval England," in T. Fenster and D. L. Smail (eds.), *Fama: The Politics of Talk and Reputation in Medieval Europe*, Ithaca: Cornell University Press, 145–64.

Barrett, L. F., 2017, *How Emotions Are Made: The Secret Life of the Brain*, Boston: Houghton Mifflin.

Barrett, L. F. and Bliss-Moreau, E., 2009, "Affect as a Psychological Primitive," *Advances in Experimental Social Psychology*, 41: 167–208.

Barrett, L. F., Wilson-Mendenhall, C. D. and Barsalou, L. W., 2015, "The Conceptual Act Theory: A Roadmap," in L. F. Barrett and J. A. Russell (eds.), *The Psychological Construction of Emotion*, New York: Guilford Press, 83–110.

Barton, R. E., 1998, "'Zealous Anger' and the Renegotiation of Aristocratic Relationships in Eleventh-and Twelfth-Century France," in B. H. Rosenwein (ed.), *Anger's Past*, 153–70.

Beatty, A., 2013, "Current Emotion Research in Anthropology: Reporting the Field," *Emotion Review*, 5/4: 414–22.

Becker, D. V., 2017, "Facial Gender Interferes with Decisions about Facial Expressions of Anger and Happiness,"*Journal of Experimental Psychology: General*, 146/4: 457–63.

Bhatt, S., Gregg, T. R. and Siegel, A., 2003, "NK_1 Receptors in the Medial Hypothalamus Potentiate Defensive Rage Behavior Elicited from the Midbrain Periaqueductal Gray of the Cat," *Brain Research*, 966/1: 54–64.

Bogart, K. R., Tickle-Degnen, L. and Ambady, N., 2014, "Communicating without the Face: Holistic Perception of Emotions of People with Facial

Paralysis," *Basic and Applied Social Psychology* 36/4: 309–20.

Boiger, M. and Mesquita,B., 2012, "The Construction of Emotion in Interactions, Relationships, and Cultures," *Emotion Review*, 4/3: 221–9.

Briggs,J. L., 1970, *Never in Anger: Portrait of an Eskimo Family*, Cambridge: Harvard University Press.

Bunn, G. C., 2012, *The Truth Machine: A Social History of the Lie Detector*, Baltimore: Johns Hopkins.

Camus, R., 2017, *Le Grand Remplacement (Introduction auremplacisme global)*, Plieux: Renaud Camus.

Caruana, F. and Viola, M., 2018, *Come funzionano le emozioni. Da Darwin alle neuroscienze*, Bologna: Il Mulino.

Chemaly, S., 2018, *Rage Becomes Her: The Power of Women'sAnger*, New York: Atria.

Cobb, J., 2016, "The Matter of Black Lives: A New Kind of Movement Found its Moment. What Will Its Future Be?" *The New Yorker.* https://bit.ly/2k6Am0a.

Cogley, Z., 2014, "A Study of Virtuous and Vicious Anger," in K. Timpe and C. A. Boyd (eds.), *Virtues and Their Vices*, Oxford: Oxford University Press, 199–224.

Coleman, P., 2011, *Anger, Gratitude, and the Enlightenment Writer*, Oxford: Oxford University Press.

Colombetti, G., 2014, *The Feeling Body: Affective Science Meets the Enactive Mind*, Cambridge: MIT Press.

Cornelius, R. R., 1996, *The Science of Emotions: Research and Tradition in the Psychology of Emotion*, Upper Saddle River: Prentice Hall.

Creasman, A. F., 2012, *Censorship and Civic Order in Reformation Germany, 1517–1648: "Printed Poison & Evil Talk,"* Farnham: Ashgate.

Creasman, A. F., 2017, "Fighting Words: Anger, Insult, and 'Self-Help' in Early Modern German Law,"*Journal of Social History*, 51/2: 272–92.

Denson,T. F., Pedersen,W. C., Ronquillo,J. and Nandy, A. S., 2008, "The Angry Brain: Neural Correlates of Anger, Angry Rumination, and Aggressive Personality," *Journal of Cognitive Neuroscience*, 21/4: 734–44.

Dentan, R. K., 1968, *The Semai: A Nonviolent People of Malaya*, New York: Holt.

Dentan, R. K., 2008, "Recent Studies on Violence: What's In and What's

Out," *Reviews in Anthropology*, 37: 41–67.

Dentan, R. K., 2012, "'Honey Out of the Lion': Peace Research Emerging from Mid-20th- Century Violence," in A. B. Kehoe and P. L. Doughty (eds.), *Expanding American Anthropology, 1945–1980: A Generation Reflects*, Tuscaloosa: University of Alabama Press, 204–20.

Donini, P., 2008, "Psychology," in R. J. Hankinson (ed.), *The Cambridge Companion to Galen*, Cambridge: Cambridge University Press, 184–209.

Downey, G., 2016, "Being Human in Cities: Phenotypic Bias from Urban Niche Construction," *Current Anthropology*, 57, suppl. 13: S52–S64.

Edwards, H., 2006, "Psychopharmacological Considerations in Anger Management," in E. L. Feindler (ed.), *Anger-Related Disorders*, 189–202.

Ekman, P. and Friesen, W. V., 1971, "Constants across Cultures in the Face and Emotion," *Journal of Personality and Social Psychology*, 17/2: 124–9.

Elzie,J., 2014, "Ferguson Forward," *Ebony*. https://bit.ly/2Vsx5JI.

Enenkel, K. A. E. and Traninger, A., (eds.), 2015, *Discourses of Anger in the Early Modern Period*, Leiden: Brill.

Enenkel, K. A. E., 2015, "Neo-Stoicism as an Antidote to Public Violence before Lipsius's *De constantia*: Johann Weyer's (Wier's) Anger Therapy, *De ira morbo* (1577)," in K. A. E. Enenkel and A. Traninger (eds.), *Discourses of Anger*, 49–96.

Eustace,N., 2008, *Passion Is the Gale: Emotion, Power, and the Coming of the American Revolution*, Williamsburg: University of North Carolina Press.

Feindler, E. L., (ed.), 2006, *Anger-Related Disorders: A Practitioner's Guide to Comparative Treatments*, New York: Springer.

Feleky, A. M., 1914, "The Expression of the Emotions," *Psychological Review* 21/1: 33–41.

Freedman, P., 1998, "Peasant Anger in the Late Middle Ages," in B. H. Rosenwein (ed.), *Anger's Past*, 171–88.

Fridlund, A. J., 1994, *Human Facial Expression: An Evolutionary View*, San Diego: Academic Press.

Gardezi, A., 2017, "America Ferrera at Women's March: We Are All under Attack," *Diverge*. https://bit.ly/2ZC19BN.

Graver, M. R., 2007, *Stoicism and Emotion*, Chicago: University of Chicago Press.

Griffiths, P. E., 1997, *What Emotions Really Are: The Problem of Psychological*

Categories, Chicago: University of Chicago Press.

Harré, R., (ed.), 1986, *The Social Construction of Emotions*, Oxford: Basil Blackwell.

Harris, W. V., 2001, *Restraining Rage: The Ideology of Anger Control in Classical Antiquity*, Cambridge: Harvard University Press.

Hatfield, E., Cacioppo, J. T. and Rapson, R. L., 1994, *Emotional Contagion*, Cambridge: Cambridge University Press.

Helmholz, R. H., 1971, "Canonical Defamation in Medieval England," *American Journal of Legal History*, 15: 255–68.

Higgins, K. M., 2012, "Biology and Culture in Musical Emotions," *Emotion Review*, 4/3: 273–82.

Hitchcock, E. and Cairns,V., 1973, "Amygdalotomy," *Postgraduate Medical Journal* 49: 894–904.

Hochschild, A. R., 1983, *The Managed Heart: Commercialization of Human Feeling*, Berkeley: University of California Press.

Hochschild, A. R., 2016, *Strangers in their Own Land: Anger and Mourning on the American Right*, New York: The New Press.

Horowitz,J., 2018, "Italy's Populists Turn Up the Heat as Anti-Migrant Anger Boils," *The New York Times*. https://nyti.ms/2nF8cbM.

James, S., 1997, *Passions and Action: The Emotions in Seventeenth-Century Philosophy*, Oxford: Clarendon Press.

Jensen, U., 2017,*Zornpolitik*, Berlin: Suhrkamp.

Jerryson, M., 2013, "Buddhist Traditions and Violence," in M. Jerryson, M. Juergensmeyer and M. Kitts (eds.), *The Oxford Handbook of Religion and Violence*, Oxford: Oxford University Press.

Jones,T. and Norwood,K.J., 2017, "Aggressive Encounters and White Fragility: Deconstructing the Trope of the Angry Black Woman," *Iowa Law Review*, 102: 2017–69.

Jones, V. E., 2004, "The Angry Black Woman: Tart-Tongued or Driven and No-Nonsense, She Is a Stereotype That Amuses Some and Offends Others," *Boston Globe*. https://bit. ly/2GBAfBp.

Karant-Nunn, S. C., 2004, "'Christians' Mourning and Lament Should Not Be Like the Heathens": The Suppression of Religious Emotion in the Reformation," in J. M. Headley, H. J. Hillerbrand and A. J. Papalas (eds.), *Confessionalization in Europe, 1555–1700: Essays in Honor and*

Memory of Bodo Nischan, Aldershot: Routledge, 107–30.

Kassinove, H. and Tafrate, R. C., 2002,*Anger Management: The Complete Treatment Guidebook for Practitioners*, Atascadero: Impact Publishers.

Kennedy, G., 2000,*Just Anger: Representing Women'sAnger in Early Modern England*, Carbondale: Southern Illinois University Press.

Kipnis, L., 2018, "Women are Furious. Now What?" *The Atlantic.* https://bit.ly/2voMufo.

Kövecses, Z., 2010, "Cross-Cultural Experience of Anger: A Psycholinguistic Analysis," in M. Potegal, G. Stemmler and C. D. Spielberger (eds.), *International Handbook of Anger*, 157–74.

Kramer, A. D. I., Guillory, J. E. and Hancock,J. T., 2014, "Experimental Evidence of Massive- Scale Emotional Contagion through Social Networks," *Proceedings of the National Academy of Sciences of the United States*, 111/24: 8788–90.

Krewet, M., 2015, "Descartes' Notion of Anger: Aspects of a Possible History of its Premises," in K. A. E. Enenkel and A. Traninger (eds.), *Discourses of Anger*, 143–71.

Lakoff, G., 1987, *Women, Fire, and Dangerous Things: What Categories Reveal about the Mind*, Chicago: University of Chicago Press.

Leys, R., 2017, *The Ascent of Affect: Genealogy and Critique*, Chicago: University of Chicago Press.

Little, L. K., 1971, "Pride Goes before Avarice: Social Change and the Vices in Latin Christendom," *American Historical Review*, 76: 16–49.

Little, L. K., 1993, *Benedictine Maledictions: Liturgical Cursing in Romanesque France*, Ithaca: Cornell University Press.

Lorde,A., 1981, "The Uses of Anger: Women Responding to Racism," at BlackPast. http://bit. ly/2J7qKwA.

Lutz, C. A., 1988, *Unnatural Emotions: Everyday Sentiments on a Micronesian Atoll and Their Challenge to Western Theory*, Chicago: University of Chicago Press.

Lydon,J. with Perry, A., 2014, *Anger is an Energy: My Life Uncensored*, New York: HarperCollins.

MacIntyre, A., 2007,*After Virtue: A Study in Moral Theory*, 3rd ed., Notre Dame: University of Notre Dame Press.

Mano, L. Y. et al., 2016, "Exploiting loT Technologies for Enhancing Health

Smart Homes through Patient Identification and Emotion Recognition," *Computer Communications*, 89–90: 178–90.

McCarthy, M. C., 2009, "Divine Wrath and Human: Embarrassment Ancient and New," *Theological Studies*, 70: 845–74.

Milhaven, J. G., 1989, *Good Anger*, Kansas City: Sheed & Ward.

Mishra, P., 2017, *Age of Anger: A History of the Present*, New York: Picador.

Nhat Hanh,T., 2001, *Anger: Wisdom for Cooling the Flames*, New York: Riverhead.

Nussbaum, M. C., 2016, *Anger and Forgiveness: Resentment, Generosity, Justice*, Oxford: Oxford University Press.

Olson,G., 1982, *Literature as Recreation in the Later Middle Ages,* Ithaca: Cornell University Press.

Ost, D., 2005, *The Defeat of Solidarity: Anger and Politics in Postcommunist Europe*, Ithaca: Cornell University Press.

Panksepp, J., 2007, "Neurologizing the Psychology of Affects: How Appraisal-Based Constructivism and Basic Emotion Theory Can Coexist," *Perspectives on Psychological Science* 2/3: 281–96.

Panksepp, J. and Zellner, M. R., 2004, 'Towards a Neurobiologically Based Unified Theory of Aggression,' *International Review of Social Psychology/ Revue internationale de psychologie sociale*, 17/2: 37–61.

Papillon, F., 1974, "Physiology of the Passions," trans.J. Fitzgerald, *The Popular Science Monthly*, 4: 552–64.

Parks, G. S. and Hughey, M. W., 2010, *12 Angry Men: True Stories of Being a Black Man in America Today*, New York: New Press.

Passamonti, L. et al., 2012, "Effects of Acute Tryptophan Depletion on Prefrontal Amygdala Connectivity While Viewing Facial Signals of Aggression," *Journal of Biological Psychiatry*, 71: 36–43.

Penton-Voak, I. S., Thomas, J., Gage, S. H., McMurran, M., McDonald, S. and Munafò, M. R., 2013, "Increasing Recognition of Happiness in Ambiguous Facial Expressions Reduces Anger and Aggressive Behavior," *Psychological Science* 24/5: 688–97.

Plamper, J., 2012, *The History of Emotions: An Introduction*, trans. K. Tribe, Oxford: Oxford University Press.

Potegal, M. and Stemmler, G., 2010, "Cross-Disciplinary Views of Anger: Consensus and Controversy," in M. Potegal, G. Stemmler and C. D.

Spielberger (eds.), *International Handbook of Anger*, 3–8.

Potegal, M., Stemmler, G. and Spielberger, C. D., (eds.), 2010, *International Handbook of Anger: Constituent and Concomitant Biological, Psychological, and Social Processes*, New York: Springer.

Prignano, C., 2018, "A Northeastern Graduate Confronted Jeff Flake in an Elevator," *The Boston Globe*. https://bit.ly/2GGCUv0.

Reddy, W. M., 2001, *The Navigation of Feeling: A Framework for the History of Emotions*, Cambridge: Cambridge University Press.

Reiss, T. J., 1991, "Descartes, the Palatinate, and the Thirty Years War: Political Theory and Political Practice," *Yale French Studies*, 80: 108–45.

Riley-Smith, B., Davies, G. and Allen, N., 2018, "Brett Kavanaugh, Supreme Court Nominee, Gives Evidence—Latest Updates," *The Telegraph*. https://bit.ly/2voMaxc.

Robarchek, C. A., 1977, "Frustration, Aggression, and the Nonviolent Semai," *American Ethnologist*, 4/4: 762–79.

Robarchek, C. A., 1979, "Conflict, Emotion, and Abreaction: Resolution of Conflict among the Semai Senoi," *Ethos*, 7/2: 104–23.

Robarchek, C. A. and Dentan, R. K., 1987, "Blood Drunkenness and the Bloodthirsty Semai: Unmaking Another Anthropological Myth," *American Anthropologist*, new series 89/2: 356–65.

Rogers, K. and Haberman, M., 2018, "Trump's Evolution From Relief to Fury Over the Russia Indictment," *The New York Times*. https://nyti.ms/2C7hgPg.

Rosaldo, R., 1989, *Culture and Truth: The Remaking of Social Analysis*, Boston: Beacon Press.

Rosenwein, B. H., (ed.), 1998, *Anger's Past: The Social Uses of an Emotion in the Middle Ages*, Ithaca: Cornell University Press.

Rosenwein, B. H., 2016, *Generations of Feelings: A History of Emotions, 600–1700*, Cambridge: Cambridge University Press.

Ross,A., 2017, "True West: California Operas by John Adams and Annie Gosfield," *New Yorker*, December 11.

Russell,J. A., 1980, "ACircumplex Model of Affect,"*Journal of Personality and Social Psychology*, 39/6: 1161–78.

Russell,J. A., 2017, "Mixed Emotions Viewed from the Psychological Constructionist Perspective," *Emotion Review*, 9/2: 111–17.

Schiefsky, M., 2012, "Galen and the Tripartite Soul," in R. Barney, T. Brennan and C. Brittain (eds.), *Plato and the Divided Self*, Cambridge: Cambridge University Press, 331–49.

Schneewind,J. B., 2003, "Seventeenth- and Eighteenth-Century Ethics," in L. C. Becker and C. B. Becker (eds.),*A History of Western Ethics*, 2nd ed., London: Routledge, 77–91.

Singer, P. N., 2017, "The Essence of Rage: Galen on Emotional Disturbances and their Physical Correlates," in R. Seaford,J. Wilkins and M. Wright (eds.), *Selfhood and the Soul: Essays on Ancient Thought and Literature in Honour of Christopher Gill*, Oxford: Oxford University Press, 161–96.

Sinkewicz, Robert E., 2006, *Evagrius of Pontus: The Greek Ascetic Corpus*, Oxford: Oxford University Press.

Sissa, G., 2017, *Jealousy: A Forbidden Passion*, Cambridge: Polity Press.

Sloterdijk, P., 2010, *Rage and Time: A Psychopolitical Investigation*, trans. M. Wenning, New York: Columbia University Press.

Sorenson, E. R., 1976, *The Edge of the Forest: Land, Childhood and Change in a New Guinea Protoagricultural Society*, Washington: Smithsonian Institution Press.

Sorenson, E. R., 1978, "Cooperation and Freedom among the Fore of New Guinea," in A. Montagu (ed.), *Learning Non-Aggression: The Experience of Non-Literate Societies*, Oxford: Oxford University Press, 12–30.

Staden, H. von, 2011, "The Physiology and Therapy of Anger: Galen on Medicine, the Soul, and Nature," in F. Opwis and D. Reisman (eds.), *Islamic Philosophy, Science, Culture and Religion: Studies in Honor of Dimitri Gutas*, Leiden: Brill, 63–87.

Stauffer, A. M., 2005, *Anger, Revolution, and Romanticism*, Cambridge: Cambridge University Press.

Stearns, C. Z. and Stearns, P. N., 1986, *Anger: The Struggle for Emotional Control in America's History*, Chicago: University of Chicago Press.

Stein, N. L., Hernandez, M. W. and Trabasso, T., 2008, "Advances in Modeling Emotion and Thought: The Importance of Developmental, Online, and Multilevel Analyses," in M. Lewis,J. M. Haviland-Jones and L. Feldman Barrett (eds.), *Handbook of Emotions*, 3rd ed., New York: Guilford Press, 574–86.

Stemmler, G., 2010, "Somatovisceral Activation during Anger," in M.

Potegal, G. Stemmler and C. D. Spielberger (eds.), *International Handbook of Anger*, 103–21.

Tafrate, R. C. and Kassinove, H., 2006, "Anger Management for Adults: A Menu-Driven Cognitive-Behavioral Approach to the Treatment of Anger Disorders," in E. L. Feindler (ed.), *Anger-Related Disorders*, 115–37.

Taut, A. and Fisher, M., 2018, "Facebook Fueled Anti-Refugee Attacks in Germany, New Research Suggests," *The New York Times*. https://nyti.ms/2JfNsD4.

Taylor, J., 2018, "NYT: The 'Religion of Whiteness' is a Threat to World Peace," *American Renaissance*. https://bit.ly/2vpiEaw.

Taylor, K.-Y., 2016, *From #Blacklivesmatter to Black Liberation*, Chicago: Haymarket Books.

Tissari, H., 2017, "Current Emotion Research in English Linguistics: Words for Emotions in the History of English," *Emotion Review*, 9/1: 86–94.

Tomkins, S. S., 1962–1992, *Affect, Imagery, Consciousness*, 4 vols., New York: Springer.

Tomkins, S. S. and McCarter, R., 1964, "What and Where are the Primary Affects? Some Evidence for a Theory," *Perceptual and Motor Skills*, 18/1: 119–58.

Traister, R., 2018, "Fury Is a Political Weapon. And Women Need to Wield It," *New York Times. Sunday Review*. https://nyti.ms/2IrmuWF.

Traister, R., 2018, *Good and Mad: The Revolutionary Power of Women'sAnger*, New York: Simon & Schuster.

Vagianos, A., 2017, "The 'Me Too' Campaign Was Created by a Black Woman 10 Years Ago," *Huffpost*. https://bit.ly/2gO4j0F.

Wade, F., 2017, *Myanmar's Enemy Within: Buddhist Violence and the Making of a Muslim "Other"*, London: Zed Books.

Wang,Y., Kong, F., Kong,X., Zhao,Y., Lin, D. and Liu,J., 2017, "Unsatisfied Relatedness, Not Competence or Autonomy, IncreasesTrait Anger through the Right Amygdala," *Cognitive, Affective, and Behavioral Neuroscience*, 17: 932–8.

Warner, C. T., 1986, "Anger and Similar Delusions," in R. Harré (ed.), *The Social Construction of Emotions*, 135–66.

Weber, H., 2004, "Explorations in the Social Construction of Anger," *Motivation and Emotion*, 28/2: 197–219.

Weiner, J., 2018, "The Patriarchy Will Always Have Its Revenge," *New York Times. Sunday Review.* https://nyti.ms/2N0V6iY.

White, S. D., 1998, "The Politics of Anger," in B. H. Rosenwein (ed.), *Anger's Past*, 127–52.

Wierzbicka, A., 2004, "Emotion and Culture: Arguing with Martha Nussbaum," *Ethos*, 31/4: 577–600.

Wingfield, A. H., 2007, "The Modern Mammy and the Angry Black Man: African American Professionals' Experience with Gendered Racism in the Workplace," *Gender and Class*, 14: 196–212.

Woodward, B., 2018, *Fear: Trump in the White House*, New York: Simon & Schuster.

Wortham, J., 2016, "Black Tweets Matter: How the Tumultuous, Hilarious, Wide-Ranging Chat Party on Twitter Changed the Face of Activism in America," *Smithsonian Magazine.* http://bit.ly/2ZN11je.

Wundt, W., 1907, *Outlines of Psychology*, trans. Charles Hubbard Judd, 3rd rev. Engl. ed. from 7th rev. German ed., Leipzig: Wilhelm Engelmann.

图书在版编目（CIP）数据

愤怒：一部关于情绪的冲突史 /（美）芭芭拉 · H.罗森宛恩著；
曾雅婧译. — 北京：中国工人出版社，2023.9
书名原文：Anger: The Conflicted History of an Emotion
ISBN 978-7-5008-8249-7

Ⅰ. ①愤…　Ⅱ. ①芭…　②曾…　Ⅲ. ①愤怒－研究　Ⅳ. ①B842.6

中国国家版本馆CIP数据核字（2023）第223471号

著作权合同登记号：图字 01-2023-0484

愤怒：一部关于情绪的冲突史

出 版 人	董　宽
责任编辑	董芳璐
责任校对	张　彦
责任印制	黄　丽
出版发行	中国工人出版社
地　　址	北京市东城区鼓楼外大街45号　邮编：100120
网　　址	http://www.wp-china.com
电　　话	（010）62005043（总编室）（010）62005039（印制管理中心） （010）62001780（万川文化项目组）
发行热线	（010）82029051　62383056
经　　销	各地书店
印　　刷	北京盛通印刷股份有限公司
开　　本	880毫米×1230毫米 1/32
印　　张	9.625
彩插印张	0.25
字　　数	330千字
版　　次	2024年1月第1版　2024年1月第1次印刷
定　　价	68.00元